Weitere BLV Gartenbücher

Brookes Der eigene Garten richtig geplant und gestaltet
de Haas Naturgemäßer Obstbaumschnitt
Hage 201 Ziergehölze in Farbe
Herkner Rund um den Wassergarten
Herwig Gartengestaltung – Tips und Ideen
Herwig Leichter gärtnern
Herwig 201 Gartenpflanzen in Farbe
Jacobi Pflanzen auf Balkon, Dachgarten + Terrasse
Jacobi/Mierswa Gärtnern unter Glas und Folie
Kreuter Kräuter und Gewürze aus dem eigenen Garten
Lelley Pilze aus dem eigenen Garten
Michaeli-Achmühle Gartenpraxis A–Z
Mierswa Kleingewächshäuser – Folien und Frühbeete
Oldale Gartenpflanzen richtig vermehren
Oudshoorn 201 Sommerblumen in Farbe
Scheerer Rosen in unserem Garten
Schmitt/Jacobi Der Garten im Jahreslauf
Schubert Im Garten zu Hause
Stangl Garten-Jahrbuch 2
Stangl Gesundes Obst + Gemüse aus dem eigenen Garten
Stangl Mein Hobby – der Garten
Toms/Dahl Krankheiten und Schädlinge an Obst und Gemüse

BLV Zimmerpflanzenbücher

Baumgardt Ikebana
Betzema 100 Blattpflanzen in Farbe
Hay/McQuown/Beckett Das große Buch der Zimmer- und Gewächshauspflanzen
Herwig 350 Zimmerpflanzen in Farbe
Herwig Die 200 schönsten Zimmerpflanzen
Jacobi Hausbuch der Zimmerpflanzen
Koide/Kato/Takeyama Bonsai
Richter Blüten und Zweige zauberhaft arrangiert
Rysy Orchideen
Sass Gestalten mit Trockenblumen
Schubert Mehr Blumenfreude durch Hydrokultur
Schubert/Herwig Wohnen mit Blumen
Wegener Ikebana
Wickham Mit Zimmerpflanzen schöner wohnen

Edgar und Brian Lamb

100 Kakteen
und andere Sukkulenten
in Farbe

Dritte Auflage

BLV Verlagsgesellschaft
München Bern Wien

CIP-Kurztitelaufnahme der Deutschen Bibliothek

Lamb, Edgar
100 [Hundert] Kakteen und andere Sukkulenten in Farbe / Edgar u. Brian Lamb. – 3. Aufl. – München, Bern, Wien: BLV Verlagsgesellschaft, 1979.
Einheitssacht.: Popular exotic cacti in colour ⟨dt.⟩
ISBN 3-405-12102-7

NE: Lamb, Brian:

ISBN 3-405-12102-7

Titel der englischen Originalausgabe:
»Popular Exotic Cacti in Colour«

Deutschsprachige Ausgabe:

Übersetzung und Bearbeitung: Dr. Martha Friedrich

Satz: Ludwig Auer, Donauwörth
Druck: Jarrold & Sons Ltd., Norwich
Bindearbeiten: Franz Spiegel, Ulm

Printed in Great Britain

Inhalt

Diejenigen Arten, die auch einen deutschen Namen haben, sind auf der nächsten Seite in einem Register gesondert aufgeführt.

Register der deutschen Namen

Einleitung

Zunächst zum Titel dieses Buches. Er spricht von Kakteen und anderen Sukkulenten, d. h. es sind nicht alle echte Kakteen, die darin abgebildet und besprochen werden. Viele dieser Gewächse gehören anderen Familien des Pflanzenreiches an und haben nur eines mit den Kakteen gemeinsam, nämlich die Sukkulenz, das heißt den Besitz wasserspeichernden Gewebes. Daher soll hier ganz entschieden der verbreiteten Meinung entgegen getreten werden, daß es sich bei allen Pflanzen, die »fett« sprich sukkulent und vielfach noch dazu bestachelt oder dornig sind, um Kakteen handelt.
Je mehr Freizeit heutzutage dem Menschen zur Verfügung steht, um so bedeutungsvoller wird es, diese Freizeit zu gestalten. Dabei spielen die zahlreichen Steckenpferde, die wir haben, eine immer wichtiger werdende Rolle; und hier sind es gerade die naturwissenschaftlichen Hobbys, die immer beliebter werden. Eines davon ist die Beschäftigung mit Kakteen und anderen Sukkulenten. Die ständig zunehmende Zahl der Kakteenfreunde und -sammler in allen Teilen der Welt spiegelt sich wider in den vielen Kakteen-Gesellschaften, die es heute überall gibt; in England und Deutschland, wo die ersten gegründet wurden, wie auch in vielen anderen Ländern, z. B. in den USA, in Rußland und Japan. Dieses Interesse an Pflanzen ferner Länder hat erfreulicherweise auch das Verständnis für die Erhaltung der einheimischen Flora geweckt.
Ein anderer Grund dafür, daß man sich gerade diesem Hobby zuwendet, ist folgender: Da der größte Teil der Kakteen und viele andere Sukkulenten aus Gebieten stammen, in denen eine geringe Luftfeuchtigkeit herrscht, sind diese Pflanzen weit mehr für die Kultur in unseren zentral geheizten Wohnungen geeignet, als viele der heutigen Zimmerpflanzen. Obgleich die Mehrzahl der Kakteen die hohen Zimmertemperaturen im Winter wirklich nicht benötigt, so werden sie dadurch doch nicht zum Absterben gebracht; lediglich ihre Blühwilligkeit in der nächsten Saison wird dadurch mehr oder weniger beeinträchtigt. Idealer für ein gutes Gedeihen dieser Pflanzen ist natürlich ein kleines Gewächshaus oder ein Wintergarten. Es ist aber auch möglich, Kakteen und Sukkulenten in einem Kellerraum unter künstlichem Licht recht gut zu kultivieren. Andererseits gibt es ein Sortiment ausgewählter Arten, die das ganze Jahr über, selbst wenn sie im Winter von Schnee und Eis bedeckt sind, im Freien in einem Steingarten gezogen werden können.
Daß Kakteen nur in den beiden Amerikas oder in der »Neuen Welt« zu Hause sind, ist vielleicht bekannt, doch mag es manchen Leser überraschen, daß viele Gruppen der »anderen Sukkulenten« weltweit verbreitet sind, und, so unglaublich es klingen mag, einige davon sogar im unwirtlichen Grönland, in den kalten Hochlagen der Alpen, im Kaukasus, Himalaja und anderen Hochgebirgen der Erde vorkommen. Der weitaus größte Teil dieser sukkulenten Pflanzen stammt jedoch aus Afrika und von den dazugehörigen Inseln; viele gibt es auch in Nord- und Südamerika und die übrigen sind in Indien, Ceylon, Burma, China, Australien und der pazifischen Inselwelt beheimatet.
In diesem Buch ist jeweils eine Art von 100 ausgewählten Gattungen abgebildet, wobei der begleitende eine halbe oder ganze Seite lange Text sich nicht nur mit dem Vorkommen der Arten einer bestimmten Gattung befaßt, sondern auch deren wesentliche Merkmale beschreibt. Es sollte daher möglich sein, mit Hilfe der Bilder und der ein-

fachen, d. h. nicht zu wissenschaftlichen Texte unsere sukkulenten Pflanzen bei der richtigen Gattung einzuordnen.
Das Hauptproblem bestand in der Auswahl der hier aufzunehmenden Gattungen. Sicherlich wird uns mancher Leser fragen, »warum ist diese oder jene Gattung hier nicht vertreten«? Wir führen hier mehr echte Kakteen als andere Sukkulenten auf, wobei wir uns bemüht haben, überall dort eine blühende Pflanze abzubilden, wo dies zu ihrer leichten Bestimmung unbedingt wichtig ist. Wir haben auch eine Anzahl Gattungen ausgewählt, von denen sich einige Arten besonders gut als Zimmerpflanzen eignen. Desgleichen wurde an einige winterharte Kakteen gedacht, die sich wie Arten der Gattungen *Sedum* oder *Sempervivum* als Steingartenpflanzen im Freien kultivieren lassen. Entsprechend der Gattungsnamen sind Text und Bilder soweit wie möglich alphabetisch geordnet*. Auf die aus Gattungs- und Artnamen zusammengesetzte wissenschaftliche lateinische Bezeichnung folgt der Abbildungsmaßstab, hierauf der Name der Familie, zu der die Gattung gehört. Soweit es möglich war, haben wir den deutschen Namen, der sich entweder auf die ganze Gattung oder nur auf die jeweilige Art bezieht, angegeben. Vielfach gibt es aber keine deutschen Namen. Wenn im Text Fachausdrücke verwendet werden, so haben wir ihre Erklärung in Klammern beigefügt. Wir haben die Verwendung dieser Ausdrücke weitgehend eingeschränkt.

Standort In einem gemäßigten Klima wie dem unsrigen ist ein Gewächshaus oder Wintergarten der beste Ort, weil man dort die Wasseransprüche unserer Pflanzen recht einfach kontrollieren kann und weil in der warmen Jahreszeit die Temperatur tagsüber leicht 35° und mehr erreichen kann, was für die meisten Kakteen und die anderen sukkulenten Pflanzen geradezu ideal ist. Wird nun tatsächlich so kultiviert, so benötigen viele Arten etwas Schatten, um die Bedingungen, denen sie an ihren natürlichen Standorten ausgesetzt sind, einigermaßen nachzuahmen. In dem den Abbildungen beigefügten Text wird daher oft darauf hingewiesen, daß die eine oder andere Art in der Natur unter Büschen oder Bäumen wächst. Gewächshäuser oder Wintergärten, ganz gleich, ob sie aus Glas oder Plastikmaterial gebaut sind, zu schattieren, ist eine einfache Angelegenheit. Kostspielig ist es, wenn man dazu Jalousien oder Schattenblenden benützt; billig dagegen, beonders bei einem Gewächshaus, wenn die Scheiben mit weißer oder hellblauer, abwaschbarer Schattenfarbe dünn angestrichen werden. Dies kann entweder mit einer Malerbürste oder mit einer Gartenspritze getan werden. Wenn man der angerührten Farbe etwas Öl beisetzt, so kann dadurch verhindert werden, daß die Farbe zu schnell durch stärkeren Regen vom Glas abgewaschen wird.
Die Lage eines Gewächshauses ist nicht so wichtig, vorausgesetzt, daß es den größten Teil des Tages Sonnenschein hat. In an Westwänden angebauten Gewächshäusern lassen sich recht gute Erfolge erzielen, wenn auch die darin befindlichen Pflanzen erst ab etwa 11 Uhr vormittags Sonne bekommen. So benötigen z. B. Ferokakteen viel Sonne und hohe Temperaturen, und doch wachsen und blühen bei uns einige dieser Arten sehr gut in solch einem nach Westen orientierten, angebauten Gewächshaus. Der Leser sollte sich daher nicht durch die in manchen Büchern vertretene Meinung verwirren

* Kleine Abweichungen mußten in Kauf genommen werden, damit Text und Bild optisch eine Einheit bilden.

lassen, daß Gewächshäuser immer in Nord-Süd-Richtung aufgestellt werden müssen. Wir wissen von vielen Enthusiasten, die nur einen nordseitigen Wintergarten haben – was bis zu einem gewissen Grade ihre Kulturmöglichkeiten einschränkt – daß darin doch noch eine ganze Menge Pflanzen gezogen und regelmäßig zur Blüte gebracht werden können.

Gewächshäuser und Wintergärten können im Winter auf verschiedene Weise geheizt werden. Dabei ist bis zu einem gewissen Grade wichtig, die Kosten gegenüber den Vorteilen, die diese oder jene Methode bringt, abzuwägen. Wir geben zu bedenken, daß die meisten der in diesem Buch besprochenen Arten in einem Gewächshaus kultiviert werden können, in dem die Temperatur bei nur 8° C liegt. Einige beanspruchen etwas höhere Temperaturen, bei anderen können sie bis 5° C absinken, ohne daß sie Schaden nehmen. Es liegt auf der Hand, daß bei Zentralheizung im Wohnhaus ein zusätzlicher Heizkörper im angebauten Gewächshaus auf die Dauer die billigste Methode ist, da seine Betriebskosten sehr niedrig sind, selbst wenn in solch einem zu mehr als 50% verglasten Raum bedeutend mehr Wärme verbraucht wird. Wärmeverluste können aber reduziert werden, wenn man das Gewächshaus im Winter zusätzlich noch mit Plastikfolie umkleidet, wenn nicht schon eine geeignete Doppelverglasung vorhanden ist. Elektrische Heizkabel oder Ventilatoren sind wohl die teuerste Art, Gewächshäuser oder Wintergärten zu beheizen. Heutzutage ist es auch möglich, kleine Gasöfen zu verwenden, die mit Erd- oder Stadtgas (kein Flüssiggas!) betrieben werden; auch dies kommt bedeutend billiger als Elektroheizung. Daß Gasheizung sich auf Pflanzen nachteilig auswirkt, ist eine längst überholte Ansicht, die aber noch immer weit verbreitet ist. Wir haben bei uns zu Hause jahrelang Pflanzen in gasgeheizten Räumen gezogen; ebenso heizen wir alle unsere Gewächshäuser mit einer Gas-Konvektions-Heizung. Trotz der steigenden Ölpreise ist auch heute noch die billigste Art der Heizung der alte, bewährte Ölofen. Bei richtiger Anwendung und wöchentlicher Reinigung des Brenners und der Luftklappen ist er ideal für ein kleines Gewächshaus.

Viele Kakteen und andere Sukkulenten eignen sich recht gut als Zimmerpflanzen, die man entweder an sonnigen oder – wenn es sich um schattenliebende Arten handelt, an nord- und ostseitigen Fenstern aufstellen kann. Da dieserart gezogene Pflanzen unnatürlicherweise nur von einer Seite Licht bekommen, ist es ratsam, sie ein- oder zweimal in der Woche um 180° zu drehen. Es ist klar ersichtlich, daß sich solche in einer Wohnung kultivierten Pflanzen beispielsweise im Sommer nicht in einer so heißen Umgebung befinden wie im Gewächshaus; sie benötigen daher während dieser Jahreszeit weniger Wasser. Im Winter dagegen stehen sie hier wärmer als im Gewächshaus und brauchen daher gelegentlich ein wenig Wasser, damit sie nicht schrumpfen. Manche echte Kakteen wollen nicht recht blühen, wenn sie während der Wintermonate nicht eine Ruheperiode bei genügend niedrigen Temperaturen durchgemacht haben; anderseits können solche höheren Wintertemperaturen für viele der anderen Sukkulenten nur von Vorteil sein.

Wenn man nicht genügend Platz auf Fensterbrettern hat, so ist es heute möglich, künstliches Licht aus Leuchtstoffröhren zu verwenden, unter dem fast alle Pflanzen gedeihen können. Wir haben einige Kakteensammlungen gesehen, die auf diese Art und Weise in Kellerräumen gehalten werden. Die Besitzer können sich rühmen, daß ihre Pflanzen niemals Tageslicht gesehen haben. Wir wären manchmal stolz, solche ansehnliche Pflanzen unter Gewächshausbedingungen aufziehen zu können. Bücher und Abhand-

lungen über solche Kulturmethoden sind erhältlich; sie beschäftigen sich aber kaum mit ihrer Anwendung bei Kakteen.
Eine andere faszinierende Art, dieses Hobby zu betreiben, ist die Anlage eines erhöhten Steingartens für winterharte Kakteen und andere Sukkulenten. Solch ein Steingarten sollte an einer sehr sonnigen Stelle im Garten aufgebaut werden, an eine Rückwand des Wohnhauses angelehnt ist geradezu ideal. Damit die Pflanzen im Freien erfolgreich gedeihen können, muß der Boden gut durchlässig sein; so sollte er, neben einer großen Menge Steinen und Kies in den untersten Schichten, aus 2 bis 3 Teilen feinem Kies, 1 bis 2 Teilen scharfem Sand und einem Teil Humus bestehen. Um die Pflanzen wird dann jeweils noch etwa 2,5 cm hoch Kies aufgeschichtet, wodurch eine gute Drainage des Bodens um den Wurzelhals der Pflanzen garantiert wird. Es scheint dies eine sehr magere Bodenmischung zu sein, sie ist aber vollkommen ausreichend für einige der winterharten Opuntien wie *O. compressa, O. rhodantha, O. rafinesquei, O. polyacantha,* ein paar Kugelkakteen wie *Coryphantha vivipara* und *Neobesseya missouriensis* und andere Sukkulten wie verschiedene *Sedum*-Arten, Semperviven und die nordamerikanischen Lewisien. Wenn solche Pflanzen im Winter zu sehr mit Wasser aufgepumpt sind und stärkere Fröste auftreten, können sie dadurch zugrunde gehen; eine geschrumpfte Pflanze überlebt dagegen.

Erde Obwohl man in Plastiksäcken verpackte Erde, die angeblich für Kakteen gut geeignet sein soll, kaufen kann, ist dies nicht immer das beste, denn diese Fertigmischungen sind heutzutage leider nicht zuverlässig genug. So zahlt es sich aus, die einzelnen Bestandteile zu besorgen und daraus die Bodenmischung selbst herzustellen. Dies ist zudem noch bedeutend billiger! In einigen Büchern wird versucht, die Meinung zu vermitteln, daß die Bodenansprüche von Gattung zu Gattung unterschiedlich sind. Man sollte diesen Unsinn nicht glauben, denn die Mehrzahl unserer Pflanzen wird in einer einfachen Mischung wachsen. Nach den Erfahrungen, die wir in einer fast 50jährigen erfolgreichen Kultur dieser Gewächse gemacht haben, können wir dies mit Recht sagen. Ein recht gut verrotteter Laubhumus, aus Eichen- oder Buchenblättern oder aus einer Mischung von beiden stellt die eine Hälfte der idealen einfachen Bodenmischung dar. Der zweite Bestandteil ist gut gewaschener, grober Sand, der nicht verhärtet, wenn er austrocknet; etwa ein solcher, wie ihn Zierfischhalter für ihre Aquarien gern benützen. Wenn gleiche Volumenteile Laubhumus und Sand und sonst nichts anderes zusammengemischt werden, so werden darin unsere Pflanzen sehr gut gedeihen. Wenn gut gesiebte, beim Austrocknen ebenfalls nicht verhärtende Lehmerde zur Verfügung steht, so kann, wenn man will, ein Teil davon der Mischung hinzugefügt werden; wichtig ist es aber nicht.
Anstelle von Laubkompost kann auch Torf verwendet werden. Es gibt verschiedene Torfsorten, von denen jedoch nicht alle für Kakteen geeignet sind. Dies hat folgenden Grund: Bekanntlich sollen die meisten Kakteen, bei normaler Gewächshauskultur, den Winter über trocken stehen; sind sie nun in eine Erdmischung gepflanzt, zu der eine ungeeignete Torfsorte verwendet wurde, so kann es Schwierigkeiten bereiten, daß diese im kommenden Frühjahr, wenn die Pflanzen zum ersten Mal wieder bewässert werden sollen, das Wasser aufnimmt. Wir haben aber herausgefunden, daß Seggentorf etwa das gleiche Wasseraufnahmevermögen besitzt wie gut verrotteter Laubkompost. Wenn Torf verwendet wird, so ist es erforderlich, ihn mit zusätzlichen Nährstoffen zu

versetzen, da er viel nährstoffärmer ist als etwa Laubhumus. Die wichtigsten Zutaten sind bei jeder Spezialhandlung für Gartenbedarf erhältlich.
Als einfache Maßeinheit empfehlen wir einen Teelöffel, da die Mengen, die zu solch einem selbstgefertigten Dünger gemischt werden, nicht so genau abgemessen sein müssen.

Auf ein 5-Litergefäß mit Sand-Torf-Mischung nehme man:	4 gehäufte Teelöffel Knochenmehl 3 gehäufte Teelöffel Gips 1 gehäuften Teelöffel Superphosphat

Dieser Dünger kann auch der Laubhumus-Sand-Mischung beigegeben werden, wodurch die Pflanzen dann für 4 oder 5 Jahre nicht umgepflanzt werden müssen, es sei denn, sie sind für ihre Töpfe bereits zu groß geworden.

Pflanzgefäße Es ist äußerst wichtig, Kakteen und andere Sukkulenten in Töpfen mit Abzugslöchern zu kultivieren, da die Pflanzen sonst zu leicht überwässert werden und zu naß stehen. Daher sollen auch bepflanzte Schalen sehr behutsam gegossen werden. Heute stehen uns viel mehr Kunststoff- als Tontöpfe zur Verfügung, denn sie sind billiger herzustellen und wegen ihres geringen Gewichts leichter zu transportieren. Gegen solche Kunststofftöpfe ist jedoch einiges einzuwenden. Manche werden im Gewächshaus nach einem Jahr sehr spröde. Man muß daher, wenn man mit solchen bepflanzten Töpfen hantiert, immer daran denken, sie nicht am Rande zu packen, wie man es von den Tontöpfen gewohnt ist, sondern sie mit umschließendem Griff anzuheben. Die Mehrzahl der leicht zu kultivierenden Kakteen und Sukkulenten wächst in Plastiktöpfen genauso gut wie in Tontöpfen. Es gibt aber einige langsam wachsende Arten, die man besser nur in Tontöpfen ziehen sollte, denn in ihnen wird das überflüssige Wasser nicht nur durch die Abzugslöcher am Boden oder durch Verdunstung an der Oberfläche, sondern auch durch die poröse Topfwand abgegeben, was letztlich bei einem Plastiktopf nicht möglich ist. Hat man seine Pflanzen bei schönem warmen Sommerwetter gegossen und die folgende Zeit wird kühl und regnerisch, wie es bei unserem recht unzuverlässigen Wetter oft vorkommt, so bleibt die Erde in Plastiktöpfen lange feucht, während sie in Tontöpfen bedeutend schneller trocken wird. Dies kann ausschlaggebend für die Erhaltung oder den Verlust einer langsam wachsenden Pflanze sein.

Gießen Dies ist wirklich mit die schwierigste Frage, deren Beantwortung sich meist nur aus der eigenen Erfahrung ergibt. Bei normalen Gewächshausbedingungen, und wenn die Pflanzen in der vorgeschlagenen Bodenmischung in Tontöpfen kultiviert werden, braucht der größte Teil davon im Frühjahr und Herbst nur etwa alle 7 bis 10, im Sommer alle 4 bis 5 Tage gegossen zu werden. Bei Verwendung von Kunststofftöpfen kann man mit dem nächsten Gießen jeweils zwei Tage länger warten. Während der Wachstumsperiode ist es am besten, wenn die Pflanzen kurz vor dem vollkommenen Austrocknen des Bodens gegossen werden, aber wenn Zweifel bestehen, sollte man damit lieber noch einen Tag länger warten. Wenn auf der Unterlage, auf der die Töpfe stehen (z. B. Holzbretter, Glas- oder Eternitplatten), einen Tag lang keine Feuchtigkeit zu sehen war, sollte man die Pflanzen gießen.

Die beste und wirklich einzige Methode, Kakteen und andere Sukkulenten mit Wasser zu versorgen, ist das Gießen oder Übersprühen mit einer feinen Brause am Gartenschlauch oder an der Gießkanne. Das Gießen mit dem Schlauch ist vorzuziehen, da der größere Druck der Wasserstrahlen die Pflanzen gleichzeitig sauber hält. Die Meinung, daß die Pflanzenkörper nicht mit dem Gießwasser in Berührung kommen sollten ist völlig falsch. Besucher unserer Sammlung betonen immer wieder die schneeweiße Farbe der Stacheln mancher Mammillarien, sowie von Haaren und Wolle bei Gattungen wie *Espostoa* und *Eulychnia* (siehe S. 82 und 84). Die einzige Abweichung von dieser Empfehlung besteht lediglich dort, wo sich durch die Verwendung harten, d. h. kalkhaltigen Gießwassers mit der Zeit weiße Überzüge, nicht nur auf den Töpfen und dem Boden, sondern auch auf den Pflanzen selbst bilden. Ist dies der Fall, so ist einerseits ein Wasserbehälter die Lösung, anderseits das Sammeln von Regenwasser, das dann mit einer elektrischen Pumpe und dem nötigen Druck über die Pflanzen gesprüht wird. Jeder Topf sollte von oben her kräftig begossen werden und bis zum Überlaufen voll Wasser sein. Wir praktizieren diese Methode seit nahezu 50 Jahren mit großem Erfolg.

Schädlinge und Krankheiten Die Hauptschädlinge der Kakteen und Sukkulenten sind folgende:

Wolläuse: Ein kleines, oft weiß-wachsig überpudertes, langsam kriechendes Insekt, das leicht mit bloßem Auge wahrnehmbar ist. Die Eier findet man an der Pflanze in kleinen Knäueln aus einer klebrigen, weiß-wolligen und wasserabstoßenden Substanz.

Schildläuse: Kleine haftscheibenähnliche Tiere, die unbeweglich fest der Pflanzenepidermis (Oberhaut) angeheftet sind. Sie sind meist kleiner als 1,5 mm.

Rote Spinne: Diese winzigen roten Spinnentiere können mit dem bloßen Auge gerade noch wahrgenommen werden, wenn man eine Pflanze aus der Nähe betrachtet. Ein Befall ist meist dann anzunehmen, wenn eine sonst grüne Pflanze plötzlich anfängt grau oder fahlbraun zu werden, was sich auch auf die jüngsten Triebe ausdehnt. Besonders anfällig gegen Schadinsekten sind Arten mit einer relativ weichen Epidermis, wie etwa aus den Gattungen *Chamaecereus, Coryphantha, Dolichothele* usw.

Dies sind die Hauptschädlinge, gegen die verschiedene Insektizide erhältlich sind, die auch bei Zimmerpflanzen verwendet werden können. Einige davon sind Kontaktgifte, andere sind sogenannte systemische Bekämpfungsmittel. Beide werden meist mit Wasser verdünnt auf die Pflanzen gesprüht oder anderweitig aufgetragen. Die systemischen Mittel wirken nicht direkt auf das Schadinsekt, sondern sie werden zunächst von der Pflanze selbst aufgenommen und wirken erst danach auf die den Saft saugenden Insekten ein und töten sie ab. Viele dieser Gifte sind organische Phosphorverbindungen, die bei allen in diesem Buch erwähnten Gattungen angewendet werden können, mit Ausnahme derer, die zur Familie *Crassulaceae* gehören. Einige dieser Blattsukkulenten müssen diesbezüglich vorsichtiger behandelt werden, deshalb ist es ratsam, die Gebrauchsanweisung vorher gründlich und genau zu lesen. Nicht nur deswegen, sondern besonders, weil diese Schädlingsbekämpfungsmittel auch für den Menschen gefährlich sind! Man soll die Anweisungen genau befolgen, da es nicht nur um die Pflanzen, sondern auch um die eigene Sicherheit geht. Bei sachgemäßer Anwendung eignen sich diese Insektizide viel besser zur Schädlingsbekämpfung als die althergebrachten Mittel.

Es wird jedoch nicht immer deutlich genug darauf aufmerksam gemacht, daß nach häufig wiederholter Anwendung des gleichen Insektizides die Schädlinge dagegen immun werden. Damit dies nicht geschieht, ist es ratsam, wenigstens drei verschiedene Mittel abwechselnd zu verwenden, wobei darauf geachtet werden sollte, daß sie sich in ihrer chemischen Zusammensetzung unterscheiden, nicht nur durch ihre Handelsnamen. Das Beste ist, wenn man die Pflanzen im Frühjahr, Hochsommer und Spätherbst von oben her mit den Mitteln besprüht oder übergießt. Die Rote Spinne kann meist in kurzer Zeit erheblich mehr Schaden anrichten als die beiden vorher beschriebenen Insekten, deshalb muß man davor besonders auf der Hut sein. Bei einem Befall kann es notwendig sein, ein anderes Insektizid innerhalb eines kürzeren Zeitabstandes als üblich anzuwenden. Bei regelmäßiger Behandlung der Pflanzen während der ganzen Vegetationsperiode braucht man aber nichts zu befürchten.
Erfreulicherweise gibt es nur wenige Krankheiten, von denen Kakteen und Sukkulenten befallen werden. Eine davon ist eine Art »Schwarzfäule«, die bei bestimmten *Trichocereus*-Arten vorkommt und unschöne Flecken hervorruft, gegen die es aber noch kein Bekämpfungsmittel gibt. Sie bringt selten eine Pflanze zum Absterben, so daß ein gesunder Trieb abgenommen und bewurzelt werden kann, durch den dann in der nächsten Vegetationsperiode die alte, unansehnlich gewordene Pflanze ersetzt wird. Eine ähnliche Fäule-Krankheit tritt bei Stapelien auf, doch diese kann durch vorsorgliches Besprühen mit Chinosol-Puder oder -Lösung während der Wachstumsperiode nahezu völlig vermieden werden.
Das gleiche Fungizid (Pilzbekämpfungsmittel) wird als Pulver oder Lösung auch gegen die Umfallkrankheit der jungen Sämlingspflanzen verwendet. Eine »Orangerote Fäule« tritt ebenfalls auf; sie befällt oft bestimmte Ferokakteen und Opuntien, was zu Pflanzenverlusten führen kann. Meist wird die Krankheit zu spät erkannt, um noch etwas dagegen unternehmen zu können. Manchmal kann an frisch importierten Pflanzen eine Infektion an den Stellen erkannt werden, an denen die Wurzeln abgeschnitten wurden. Wenn dies der Fall ist, dann muß mit einer Rasierklinge oder einem scharfen Messer alles pflanzliche Gewebe und die befallene Stelle so tief herausgeschnitten werden, bis nichts mehr von der Fäulnis zu sehen ist. Danach muß die Pflanze an einer warmen aber schattigen Stelle zwei Wochen lang abtrocknen, bevor sie eingepflanzt wird. Wenn diese Flecken an Opuntien auftreten, so wird dadurch nur ihr Aussehen beeinträchtigt, an Kugelkakteen kann sich dagegen die orangerote Fäule schlimm auswirken.

Vermehrung durch Stecklinge Die Mehrzahl der Kakteen und anderen Sukkulenten, soweit es sich um verzweigte Formen handelt, lassen sich durch Stecklinge vermehren. Dies ist in den meisten Fällen eine leichte Angelegenheit. Alles was dazu notwendig ist, ist ein sehr scharfes Messer und eine Gartenschere oder Säge für einige der größeren Kakteen. Es ist besser, wenn die als Stecklinge vorgesehenen Triebe möglichst an einer dünneren Stammstelle abgeschnitten werden; dies ist aber nicht unbedingt wichtig, vorausgesetzt, die Stecklinge haben danach genügend Zeit, um an den Schnittstellen Kallusgewebe zu bilden. Stecklinge von den meisten Kakteen und vielen Euphorbien mit dickeren Stämmen sollten etwa vierzehn Tage abtrocknen. Für die meisten anderen Sukkulenten und einige der epiphytischen Kakteen (z. B. *Chiapasia, Epiphyllum* und *Zygocactus*) reichen 7 bis 10 Tage aus, oder sogar 3 bis 5 Tage, wenn es sich um dünn-

sprossige oder schmalgliedrige und zierliche Arten handelt, die nicht zu sukkulent sind. Wenn Stecklinge dieser Art zu lange liegengelassen werden, trocknen sie leicht aus. Alle Stecklinge sollten an einer warmen und halbschattigen Stelle gelagert werden. Man kann sie auch mit Zeitungspapier bedeckt auf eine Gewächshausbank legen, wobei aber darauf zu achten ist, daß die Schnittstellen frei an der Luft liegen.
Sobald die Stecklinge zum Einsetzen fertig sind, können sie in feuchten Sand, Vermiculit (eine Art gebrannter Glimmer) oder Perlit gesteckt werden. Meist kann man sie jedoch sofort in Töpfe mit einer Laubhumus-Sand-Mischung pflanzen und alle paar Tage gießen. Aber dies ist reine Ansichtssache. Bei einigen Arten bewurzeln sich die Stecklinge recht langsam; in diesen Fällen ist Bodenwärme angebracht, die durch in den Vermehrungsbeeten verlegte Heizkabel erzeugt werden kann. Solche Stecklinge können auch in einer abgeschlossenen Umgebung untergebracht werden, wie z. B. in einem elektrisch beheizten Vermehrungskasten aus Glas oder Kunststoff. Im allgemeinen ist dies aber nicht notwendig, höchstens bei einigen Arten, deren Stecklinge sich nur sehr zögernd bewurzeln. Es ist wichtig, daß eingepflanzte Stecklinge nicht in der prallen Sonne stehen, sondern unter schattiertem Glas an einem warmen Ort. Regelmäßige Befeuchtung durch Sprühnebel kann für kleinere Arten, besonders für epiphytische Kakteen sehr vorteilhaft sein. Viele Kakteen- und Sukkulentenstecklinge bewurzeln sich, wenn sie trocken gehalten werden, andere jedoch benötigen dazu eine gewisse Feuchtigkeit des Bodens oder auch der Luft.

Einige Sukkulenten können durch Blattstecklinge vermehrt werden, und zwar oft auf sehr einfache Weise. Bei manchen Arten, wie etwa von *Adromischus, Crassula* und *Aeonium* ist dazu ein ganzes, unverletztes Blatt nötig, während andere z. B. *Gasteria-* und *Sansevieria*-Arten, sich aus Blattstücken vermehren lassen. In beiden Fällen sollen auch diese Stecklinge je nach Größe 3 bis 7 Tage abtrocknen, bevor man sie auf dem Vermehrungssubstrat auslegt. Während die ganzen Blätter nur mit der Basis leicht in die Erde gedrückt zu werden brauchen, müssen die Blatteile etwas tiefer hineingesteckt werden. Diese Blätter und Blattstücke bewurzeln sich zunächst und bilden danach neue Sprosse, die zu normalen Pflanzen heranwachsen. Die Wasseransprüche sind hier nahezu die gleichen wie bei Sproß- und Stammstecklingen. Einige wenige Sukkulenten, die allerdings in diesem Buch nicht behandelt werden, bilden entweder an den Blattspitzen oder Blatträndern neue kleine Pflänzchen, sogenannte Brutknospen aus, die genauso aufgezogen werden können wie z. B. die Stecklingspflanzen von *Adromischus.*

Vermehrung aus Samen Es ist nicht möglich, hier genaue Anweisungen für die Aufzucht von Kakteen und Sukkulenten aus Samen zu geben. Für die einfacheren Fälle mögen die folgenden Grundregeln genügen: Die Keimpflanzen der meisten Kakteen und vieler langsam wachsender Sukkulenten bleiben ein Jahr lang, manchmal sogar zwei sehr klein und haben nur kurze und schwache Wurzeln. Daher muß die Aussaaterde sehr mager sein (etwa 90% Quarzsand und 10% feine Lauberde oder Torf) und vor Gebrauch sterilisiert werden. Diese Bodenmischung sieht aus wie reiner Sand, enthält aber noch genügend Nährstoffe, die für unsere Zwecke ausreichend sind. Nur für einige schneller wüchsige Cereen und ein paar Sukkulenten kann etwas nahrhaftere Aussaaterde benutzt werden. Am besten ist es aber man nimmt für alle die gleiche Mischung und pikiert die schneller wüchsigen Sämlinge eher auf kräftigeres Substrat. Zur

Aussaat sollten möglichst kleine Töpfe verwendet werden, besonders dann, wenn reine Samen – keine Samenmischung – zur Verfügung stehen.
Nachdem man die Aussaaterde sterilisiert und ein paar flache Schalen (wasserdichte Pikierschalen oder -wannen) sowie eine Chinosollösung bereitgestellt hat, kann mit der Arbeit begonnen werden. Zunächst wird auf den Boden der kleinen Töpfe ein kleines Stückchen Baumwollwatte gelegt, es dient zum leichteren Aufsaugen des Wassers; darauf wird etwas steriler Sand geschichtet und obenauf kommt die eigentliche Aussaaterde. Auf ihr werden die Samen locker verteilt und nur mit etwas grobem, sterilem Sand bedeckt. Sodann wird der Topf in ein Gefäß mit wäßriger Chinosollösung getaucht, bis er völlig damit durchfeuchtet ist, und danach in eine flache Schale oder Wanne gestellt, die etwa 6 mm hoch mit Chinosollösung gefüllt ist und etwa 21° C warm gehalten wird. Die Samen sollten dann noch mit einem dichten Drahtnetz oder Papier abgedeckt werden, so daß sie fast im Dunkeln stehen.
Die meisten Samen brauchen bis zu drei Wochen, um zu keimen. Auch dann noch sollten die Aussaaten gut schattiert werden. Nach der Keimung dürfen die noch sehr kleinen Keimlinge, die eine hellgrüne Farbe haben sollen, nicht zu reichlich mit Wasser versorgt werden. In den meisten Fällen kann man sie so etwa zwölf Monate lang kultivieren. Wenn sie dann endgültig in die nach unserer vereinfachten Methode bereitete Bodenmischung versetzt werden, sollte zunächst wenig gedüngt werden, da die Erde, der die jungen Sämlingspflanzen mit ihrem nur schwach entwickelten Wurzelsystem nicht alle Nährstoffe entnehmen können, sonst zu leicht versauert, wodurch wiederum die Pflänzchen abfaulen.

Südafrika ist die Heimat zahlreicher sukkulenter Pflanzen, die sich erfolgreich verschiedenen klimatischen Bedingungen angepaßt haben.

Dieses Gebiet ist die Heimat einer großen Anzahl von Kakteen. Die Karte zeigt die Staaten von Mexiko, dort kommen mehr verschiedene Arten vor als überall sonst.

Aztekium ritteri 1½ x nat. Gr.

Familie: *Cactaceae*

Vorkommen Diese Art stammt aus Mexiko, wo sie in felsigen Gebieten der Region Nuevo Leon vorkommt.

Beschreibung *Aztekium ritteri* wurde von BÖDEKER zuerst unter *Echinocactus* beschrieben und ein Jahr später von ihm der Gattung *Aztekium* zugeordnet. Es handelt sich um eine im Alter lockere Polster bildende, kleinwüchsige und langsamwachsende Art. Die einzelnen Köpfe weisen 9 bis 10 Rippen auf, die, von oben gesehen, immer etwas spiralig verlaufen; sie sind mit einer deutlich ausgeprägten Horizontalfurchung versehen. Die mit mehr weißen Haaren als Stacheln ausgestatteten Areolen stehen auf den Rippen sehr dicht. Ihre sehr kleinen, flachen Stacheln sind kurze Zeit vorhanden und verschwinden bald. Die von Weiß bis Rot variierenden Blüten werden am Scheitel jedes Kopfes gebildet und haben einen Durchmesser von weniger als 1 cm; sie erscheinen nach und nach von Ende Juni bis Anfang Juli und meist mit einem Abstand von 1 bis 2 Monaten nochmals im August.

Kultur *Aztekium ritteri* wächst relativ langsam und braucht sandigen Humusboden. Die Pflanzen sollten am besten unter leicht schattiertem Glas gezogen und während der heißen Jahreszeit nach Gutdünken bewässert werden. Später ist vorsichtiger zu gießen. Man sollte sie besser in Ton- als in Plastiktöpfen kultivieren.

Die abgebildete Pflanze befindet sich seit über 40 Jahren in der englischen Kakteensammlung »The Exotic Collection« in Kultur; sie ist schätzungsweise 70 Jahre alt.

Adromischus pulchellus

2 x nat. Gr.

Familie: *Crassulaceae*

Vorkommen Die Gattung *Adromischus* ist in Südafrika beheimatet; viele Arten kommen in Kapland, einige in Südwest-Afrika vor. Sie wachsen dort in Felsspalten, Gesteinsschutt und auf groben Sandböden, häufig im Halbschatten und unter Büschen, von Meereshöhe bis in die Hanglagen der Gebirge, wo schon gelegentlich leichte Fröste vorkommen.

Beschreibung Viele Arten der Gattung sind sehr niedrige, gewöhnlich bis 5 cm hohe, oft auch kleinere Sukkulenten; eine der größten Arten, *A. grandiflorus,* wird bis 15 cm hoch. Die meisten Arten besitzen kurze Stämmchen, die mehr oder weniger verzweigt sind, wodurch die Pflanzen lockere oder dichte Klumpen bzw. Polster bilden können. Die sehr fleischigen, wechselständigen Blätter können etwa bis 7,5 cm lang und ganz verschieden geformt sein; sie sind zylindrisch oder flach, stumpf oder zugespitzt, fast eiförmig, mit glattem oder gewelltem Rand; die Oberfläche kann glatt, rauh oder etwas samtig – wie z. B. bei *A. schoenlandii* – sein. Die Färbung der Blätter reicht von verschiedenen Grüntönen bis purpur-grün und kalkig-grau; sie sind entweder einfarbig oder unregelmäßig gefleckt.

Kultur Alle Arten, ohne Ausnahme, lassen sich leicht kultivieren; einige wachsen langsam, andere schneller. Sie gedeihen gut in einer Mischung aus etwa gleichen Teilen Sand und Humus, bei mäßigem Gießen zwischen Frühling und Herbst. Im Winter können sie völlig trocken stehen und halten so Temperaturen bis zu 5° C aus. Im Gewächshaus wachsen sie ausgepflanzt oder in Töpfen genau so gut am Boden wie auf Hängetischen. Bei intensiver Sonnenbestrahlung werden jedoch die Farben der gefleckt-blättrigen Arten eindrucksvoller. Merkwürdigerweise werden *Adromischus*-Arten im Vergleich zu anderen Crassulaceen selten von tierischen Schädlingen, wie etwa Schmier- oder Wolläusen, befallen.

Die meisten Arten dieser Gattung sind schöne Zimmerpflanzen; viele eignen sich durch ihren zwergigen Wuchs zur Bepflanzung von »Flaschengärten« und Schalen. Die ungewöhnlich gefleckten Blätter einiger Arten können mit den Eiern mancher Wildvögel verglichen werden. Sie lassen sich leicht durch Stecklinge vermehren; diese brauchen nur 2 bis 3 Tage zu trocknen und können danach in oder auf sandige Komposterde gelegt oder gesteckt werden. Innerhalb kurzer Zeit bewurzeln sie sich und bilden schon bald – oft innerhalb eines Monats, neue Blattrosetten, die recht schnell zu voller Größe heranwachsen.

Aeonium arboreum

$^1/_2$ nat. Gr.

Familie: *Crassulaceae*

Vorkommen *Aeonium*-Arten kommen auf den Kanaren, auf den Kapverdischen Inseln und Madeira sowie in Nordafrika vor; nur eine Art (*A. leucoblepharum*) stammt aus Ostafrika, wo sie von Äthiopien bis Kenia zu Hause ist. *A. arboreum* ist in Marokko beheimatet. Die Äonien gedeihen von Meereshöhe bis in Höhen von 1800 m; eine Art, *A. smithii,* steigt sogar bis 2700 m.

Beschreibung Vom Aussehen her lassen sich die Äonien in drei Grundgruppen einteilen: Arten mit grundständigen Rosetten, Arten mit einer Rosette, die auf einem mehr oder weniger hohen Stamm sitzen, und strauchige Arten mit mehr oder weniger verzweigten, 0,15 bis 1 m hohen Stämmen. Pflanzen der zu den beiden ersten Gruppen gehörenden Arten sterben nach der Blüte und meist reichen Frucht- und Samenbildung ab. Die Rosetten können aus wenigen (10–12) bis vielen Blättern (100–200 wie bei dem stammlosen *A. tabulaeforme*) gebildet werden. Der Durchmesser reicht von 2,5 cm bis 1 m. Die Blätter sind je nach Art sehr verschieden in Größe und Form. Sie sind kahl oder samtig behaart, mehr oder weniger fleischig und besitzen vielfach einen bewimperten Rand. Sie zeigen alle Grünschattierungen und viele sind, besonders auf den Blattunterseiten, purpurn gefleckt. Einige Arten haben bei voller Sonneneinstrahlung rosa gefärbte Blätter, wie etwa *A. haworthii.* Die Blütenstände sind wenig -(10) bis reichblütige (100–300), gestielte, lockere oder dichte Rispen. Die meisten kleinen, etwa 0,5 bis 1 cm breiten Blüten haben 6 bis 12 schmale, zugespitzte Kronblätter; sie sind gewöhnlich gelb, aber auch weiß oder rosa.

Kultur Äonien sind einfach zu ziehen, da viele Arten aus den kühleren Tälern der Kanarischen Inseln kommen, wo die Temperatur kaum über 26° steigt. Nach unserer Erfahrung gedeihen die meisten Arten, vor allem die mit grundständigen Rosetten, sowie die höherwüchsigen, strauchigen und verzweigten Typen am besten ohne Töpfe im Garten an sehr sonnigen Stellen; natürlich nur während der frostfreien Jahreszeit. Im Herbst jedoch, noch vor den ersten Frösten setzt man die Pflanzen unter Stutzung ihrer faserigen Wurzeln wieder in die Töpfe, aus denen man sie im Frühjahr genommen hat. Während des Sommers, sei er trocken oder feucht, entwickeln sie im Freiland große, gesunde Rosetten und blühen daher im Winter besonders schön. Die abgebildete Art blüht 8 bis 12 Wochen lang. In ihrer Heimat wachsen die Pflanzen während des Winters; glücklicherweise stellen sie sich jedoch bei uns schnell um. Während der Wintermonate soll etwas gegossen und eine Minimaltemperatur von 8° C möglichst nicht unterschritten werden.

Äonien sind gerade für den Anfänger ideale Pflanzen, da sie trotz eventueller Fehler bei der Kultur meist nicht so schnell eingehen. Werden sie während des Sommers im Gewächshaus gezogen, wo die Temperatur oft über 40° C ansteigt, so können sie leicht von Schädlingen, wie etwa grünen und schwarzen Blattläusen, befallen werden; daher unser Rat, sie während des Sommers im Freien zu kultivieren. Die stammlosen Arten, wie *A. tabulaeforme* blühen nur einmal und sterben danach ab. Sie können daher nur aus den reichlich gebildeten Samen gezogen oder durch Blattstecklinge vermehrt werden.

Agave americana f. **variegata** 1/10 nat. Gr.

Familie: *Agavaceae* (früher *Amaryllidaceae*)

Vorkommen Die Gattung kommt in der »Neuen Welt« d. h. in Nord- und Südamerika vor; nördlich in den USA bis Utah und Nevada, südlich durch ganz Mexiko und die meisten Mittelamerikanischen Länder, einschließlich der Karibischen Inseln bis in das nördliche Südamerika.
Die verschiedenen Arten wachsen von Meereshöhe – hier manchmal direkt in der Gischtzone – bis in Höhen von 3000 m.

Beschreibung Die meisten Agaven sind stammlose, z. T. sehr groß werdende Sukkulenten mit in Rosetten angeordneten Blättern. Diese sind derb faserig-fleischig, gewöhnlich am Rande scharf gezähnt und vorne mit einer scharfen, harten Spitze versehen. Die abgebildete Art gehört zu den größten, mit Blattlängen bis zu etwa 3 m. In der Form sind die Blätter ebenfalls sehr verschieden; von dem abgebildeten bis zu sehr schmalen, fast nadelförmigen Typen, wie etwa *A. stricta,* bei der die Blätter nur noch bis 1,5 cm breit sind. Die Färbung der Blätter variiert von grün bis blaugrün, einfarbig mit braunen bis schwarzen Randzähnen, oder weiß gefleckt (z. B. *A. victoriareginae*) mit rauhem Rand. *A. parviflore* ist ähnlich gezeichnet, hat aber am Rand weiß gestreifte Blätter. Einige wenige Arten haben glatte Blattränder und keine scharfen Spitzen. Die Blüten stehen meist in Büscheln an der einfachen, unverzweigten Hauptachse oder an Seitenzweigen des endständigen, wie bei *Aeonium* oder *Sempervivum,* in der Mitte der Blattrosette entspringenden Blütenstandes. Bei den kleineren Arten sind die meist ährigen Blütenstände nur etwa 1 bis 2 m hoch; bei der abgebildeten Art erreichen sie jedoch bis 7 m, bei *A. franzosinii* sogar 11 m Höhe. Diese Telegraphenmasten gleichenden Schäfte der Blütenstände dieser großen Arten entwickeln sich erstaunlich schnell in etwa einem Monat.

Kultur Agaven lassen sich ausgesprochen leicht kultivieren. Die Mehrzahl hält niedrige Wintertemperaturen, sogar bis unter dem Gefrierpunkt gut aus. So ziehen wir eine ganze Anzahl von Arten in Gewächshäusern, in denen zeitweise bis –9° C auftreten. Nur bei den westindischen und einigen mittelamerikanischen Arten darf eine Minimaltemperatur von +8° C nicht unterschritten werden. Sie wachsen auf jedem normalen Boden. Als Topfpflanzen brauchen sie von Frühjahr bis Herbst viel Wasser und sollten anfangs im schattierten Gewächshaus gezogen werden; später ertragen sie dann volle Sonne. Im Sommer können fast alle im Freien gehalten werden. Einige wenige Arten wie etwa die abgebildete *A. americana* oder *A. ferox* und *A. franzosinii* können in klimatisch begünstigten Gegenden auch den Winter im Freiland überstehen. Sie sollten dann nur einen Schutz gegen zu große und lang andauernde Feuchtigkeit durch Überdecken mit einer Plastikhülle erhalten. Gegen trockene Kälte sind sie relativ unempfindlich. Agaven eignen sich trotz ihrer einfachen Kultur im allgemeinen wegen ihrer scharf gezähnten und spitzen Blätter nicht als Zimmerpflanzen; man sollte die scharfen Blattspitzen abschneiden, um vor allem Augenverletzungen bei Kindern zu vermeiden.

Aloe woolleyana × Aloe arborescens 2 x nat. Gr.

Familie: *Liliaceae*

Vorkommen Die Gattung kommt in fast ganz Afrika und auf den dazugehörenden Inseln, vor allem Madagaskar, sowie in Arabien vor. Die verschiedenen *Aloe*-Arten wachsen von 0 bis 2666 m Höhe. *A. polyphylla* stammt aus den im Winter schneebedeckten Drakensbergen in Lesotho (früher Basutoland). Nicht wenige Arten, wie z. B. *A. pillansii* aus der Namib, kommen in trockenen Wüstengebieten und Steppen vor, andere in den feuchten Wäldern im tropischen Afrika.

Beschreibung Die Gattung weist sehr unterschiedliche Wuchsformen auf. Sie umfaßt viele stammlose, buschige, rosettenbildende Arten, wozu auch Zwergformen gehören, die während der Ruheperiode alle oder fast alle Blätter abwerfen und dann Kniphofien (einer bekannten Gartenpflanze, die ebenfalls zur Familie der Liliaceen gehört) ähneln. Manche Arten können Dickichte bilden, wie etwa die ziemlich dünnstämmigen *A. ciliaria* und *A. tenuis;* die baumförmigen Arten bilden entweder rosettentragende Schopfbäume, wie *A. ferox* (bis 7 m hoch), oder sie sind reichverzweigt wie *A. dichotoma,* die beinahe die gleiche Höhe erreicht. Alle *Aloe*-Arten haben ziemlich fleischige Blätter. Sie sind gewöhnlich in Rosetten angeordnet; Ausnahmen bilden *A. haemanthifolia* u. ä. Arten, bei denen die Blätter scheinbar zweizeilig angeordnet sind. Meist bestehen die Rosetten aus 6 bis 8 Blättern, bei kleineren Arten jedoch aus 50 und mehr.
Die Blattlänge reicht von weniger als 2,5 cm (bei *A. rauhii*) bis etwa mehr als 1 m (*A. vaombe).* Die Blätter sind stets auf der Oberseite mehr oder weniger rinnig und auf der Unterseite deutlich gewölbt. Sie laufen in eine scharfe Spitze aus, manchmal sind die Ränder gezähnt wie bei *A. ferox* und Blattober- und -unterseite mit kurzen Stacheln besetzt. Die weichen, fleischigen Blätter weisen verschiedene Grüntöne auf, sie sind einfach einfarbig oder heller, grünlich-weiß gefleckt, manchmal auch gestreift, wie etwa bei der bekannten *A. variegata.* Die röhrenförmigen, schwach kantigen Blüten sind bei manchen Arten am Grunde mehr oder weniger bauchig erweitert, sie besitzen sechs freie Zipfel und sind pastellfarben, gelb, lebhaft orange oder rot. Die Blütenstände sind nicht oder reich verzweigt, rispig, meist aufrecht, 7,5 cm bis über 1 m lang.

Kultur Die meisten *Aloe*-Arten sind sehr einfach zu kultivieren und wachsen auf jedem Durchschnittsboden. Die bekanntesten afrikanischen Arten halten, sofern sie trocken gehalten werden, Temperaturen von 5° C im Winter aus. Während der Wachstumsperiode von Frühjahr bis Herbst brauchen sie reichlich Wasser. Klein- und Zwergarten, die in der nördlichen Hemisphäre zum Blühen kommen, sollten etwas wärmer gehalten und gelegentlich gegossen werden. Einige Arten aus dem tropischen Afrika benötigen eine Minimaltemperatur von 10° C, können aber dabei trocken gehalten werden. *Aloe*-Arten lassen sich leicht aus Samen ziehen. Auch die größeren Arten sind in den ersten Jahren sehr hübsche und einfach zu pflegende Pflanzen. Sie sind als Zimmerpflanzen durchaus dankbar, soweit sie genügend Licht bekommen. Die meisten Aloen (allerdings nicht alle) lassen sich durch Stecklinge vermehren. Sie bewurzeln sich leicht, wenn man sie vorher 7 bis 14 Tage abtrocknen läßt; Stecklinge über 2,5 cm Durchmesser sollte man entsprechend länger abtrocknen lassen.
Bei sorgfältiger Auswahl verschiedener Arten kann man sich das ganze Jahr über an blühenden Exemplaren dieser Gattung erfreuen. Die meisten afrikanischen Arten passen ihre Wachstums- und Blühgewohnheiten den Jahreszeiten unserer Hemisphäre an.

Aloinopsis rosulata

3 x nat. Gr.

Familie: *Ficoidaceae*

Vorkommen Heimat der Gattung ist das Karru-Gebiet im Kapland, Südafrika. Sie wächst auf steinigem und felsigem Untergrund, gelegentlich mit anderen Mesembryanthemen, wie etwa Arten der Gattung *Gibbaeum* zusammen.

Beschreibung Stammlose Zwergsukkulenten, meist mit einer langen Pfahlwurzel. Jede Rosette besteht aus 4 bis 10 fleischigen, grünen bis blaugrünen Blättern; diese sind häufig auf der Unterseite gekielt und überall gefleckt. Einige Arten haben warzig-hökkerige Blattoberflächen, andere sind ganz glatt, so wie die abgebildete Art. Die fleischigen Blätter sind etwa 1 bis 4 cm lang und fast 2,5 cm breit, am breitesten an der Blattspitze; zuweilen sind sie am Grunde sehr schmal und ausgesprochen spatelförmig. Die Blüten haben einen Durchmesser von 1 bis 3 cm, sind gelb, lachsfarben oder rosa, häufig mit einem dunkleren Mittelstreifen auf jedem Blütenblatt, wie auf der Abbildung. Die zahlreichen Staubblätter schließen sich eng kegelförmig um den Griffel zusammen. Die Blüten öffnen sich meist erst am Nachmittag und schließen sich am Abend oder bei Dunkelheit wieder; sie wiederholen dies 5 bis 8 Tage lang.

Kultur Die Pflanzen sind leicht aus Samen zu ziehen und blühen meist nach drei Jahren. Sie brauchen eine Sand-Humus-Mischung und sollen niemals zu stark gegossen werden. Wegen ihrer tiefgehenden Wurzeln benötigen sie entweder einen tiefen Topf oder besser noch genügend freien Raum für ihr Wurzelsystem. Die Pflanzen sollten kühl gehalten werden, man sollte sie also nicht auf den obersten Brettern des Gewächshauses unterbringen. Wir kultivieren sie unter leicht schattiertem Glas und bei freier Wurzelentfaltung mit bestem Erfolg. Die abgebildete Pflanze blüht regelmäßig von Anfang Oktober bis fast Dezember, also von Spätherbst bis in den frühen Winter hinein. Im Frühjahr ist nur wenig Wasser nötig, im Sommer und Herbst kann etwas mehr gegossen werden. Im Winter können sie völlig trocken stehen, halten dann auch Temperaturen von 5° C oder sogar weniger aus; auch in ihrer Heimat treten während des Winters gelegentlich leichte Fröste auf.

Nach Meinung einiger Fachleute sind gewisse Arten der Gattung *Nananthus* ebenfalls unter *Aloinopsis* zu führen. Auf jeden Fall sind sie sehr nahe verwandt und die Kultur ist die gleiche. Die Gattung *Aloinopsis* gehört mit vielen anderen zur Gruppe der stammlosen Mesembryanthemen. Die Gattung *Mesembryanthemum* wurde von LINNÉ 1754 beschrieben und ist heute in zahlreiche verschiedene Gattungen aufgeteilt.

Aporocactus flagelliformis — Peitschenkaktus 2½ x nat. Gr.

Familie: *Cactaceae*

Vorkommen Die Arten dieser Gattung kommen vor allem in Mexiko vor; sie wachsen manchmal in sehr feuchten Gebieten, zwischen Felsen, aber auch als Epiphyten auf Bäumen, in verrottetem Laub und Humus, der sich in der Astgabel ansammelt.

Beschreibung Die *Aporocactus*-Arten besitzen schlanke, peitschenförmige, kletternde, meist aber hängende, stachelige, zylindrische Stämme, die bis 2 m lang werden. Die Stämme haben 10 bis 14 abgerundete, schmale Rippen und Areolen (Stachelpolster) mit 10 bis 20 kurzen, feinen Stacheln. Die Blüten erinnern an den Schnabel einer Kaffeekanne, sie sind zygomorph, da man durch sie nur eine Symmetrieebene legen kann. Je nach der Art sind sie rosa, karminrot oder sogar ziegelrot, bis 7,5 cm lang und erscheinen gewöhnlich im Frühling. Die kleinen kugeligen Früchte sind mit borstigen Stacheln besetzt, ähnlich denen der übrigen Pflanze.

Kultur Die abgebildete Art, von der nur ein Teil einer großen Pflanze zu sehen ist, ist seit fast einem Jahrhundert in Kultur. Sie ist ebenso bekannt wie einige andere epiphytische Kakteen, etwa *Zygocactus* (Weihnachtskaktus) und *Schlumbergera* (Osterkaktus). Die Pflanzen gedeihen sehr gut in Körben und bevorzugen humusreichen Boden (Blattkompost oder Torf). Ideal ist eine Mischung aus vier Teilen Humus und einem Teil grobem Sand, dazu als Dünger Knochenmehl. Sie brauchen von Frühling bis Herbst viel Wasser. Zieht man sie unter leicht schattiertem Glas, so ist Luftfeuchtigkeit von Nutzen. Während des Winters können sie auf zweierlei Art behandelt werden; die besten Ergebnisse lassen sich erzielen, wenn +10° C Minimaltemperatur nicht unterschritten werden. Es kann leicht gegossen werden, um die Stämme vor dem Schrumpfen oder »Absterben« am Grunde zu bewahren. Sie können bei relativ niedrigen Temperaturen überwintern, sogar bei leichtem Frost, solange sie trocken gehalten werden. Dabei leidet jedoch das Aussehen der Pflanzen und im kommenden Frühjahr werden erheblich weniger Blüten gebildet. Die Pflanzen sind anfällig gegen Schädlinge wie Rote Spinne und Schmierläuse, sie müssen daher sorgfältig überwacht werden. Sehr gut gedeihen sie, wenn man sie auf große *Opuntia*-Körper oder Stämme von *Cereus* aufpfropft. Pflanzen, die auf diese Art kultiviert werden, trifft man häufig in Botanischen Gärten an; sie sind kräftiger, haben mehr Stämme und bilden auch mehr Blüten als ungepfropfte.

Argyroderma ovale

3 x nat. Gr.

Familie: *Ficoidaceae*

Vorkommen Die Arten dieser Gattung kommen in der Kap-Provinz in Südafrika vor und zwar in einem relativ kleinen Gebiet, der Sukkulenten-Karru, im Süden des Kleinen Namalandes, in der Gegend von Van Rhynsdorp. Sie wachsen auf steinigem und sandigem Boden. Während des heißen Südsommers schrumpfen sie stark ein und sind, von Sand und Steinchen bedeckt, manchmal kaum zu erkennen.

Beschreibung *Agyroderma*-Arten sind stammlose, gelegentlich klumpenbildende Zwergsukkulente; jeder Trieb oder Kopf besteht aus 2 bis 4 fleischigen, dicken Blättern von kalkig-weißer bis graugrüner Färbung ohne irgendwelche Flecken. Die Blattform ist veränderlich; sie kann so wie bei der abgebildeten Art sein, aber auch halb-zylindrisch, wie etwa bei *A. braunsii*. Bei jedem Blattpaar sind die gegenüberliegenden Oberflächen flach; zwischen ihnen entspringt jeweils eine kurz gestielte oder sitzende Blüte. Die Blüten öffnen sich am Nachmittag oder am frühen Abend; sie können weiß oder gelb, rosa oder purpurrot sein, etwa 1–3 cm Durchmesser erreichen und mehrere Tage halten. Die normale Blütezeit in der nördlichen Hemisphäre ist Herbst und Frühwinter.

Kultur Sie sind einfach zu kultivieren, dankbar im Blühen und ohne Schwierigkeit aus Samen zu ziehen, dabei blühen sie innerhalb von 3 bis 4 Jahren. Wie *Aloinopsis* brauchen sie einen sandigen Humusboden. Im Gegensatz dazu besitzen sie jedoch normale Faserwurzeln, so daß man niedrige Töpfe verwenden kann. Sie gedeihen gut unter leicht schattiertem Glas; am besten stehen sie während des Winters trocken (ca. 8° C Temperatur sind ausreichend) und ebenso während der ersten Zeit unseres Frühlings, trotz der steigenden Temperaturen. Bewässern sollte man sie vom Spätfrühling bis zum Spätherbst oder Winterbeginn, um sicherzugehen, daß auch die später blühenden Arten zu voller Blüte kommen. Die Pflanzen sind nicht schnellwüchsig und daher kann man leicht durch zu starkes Gießen häßliche Risse hervorrufen, die sich bereits nach wenigen Stunden zeigen. Diese Risse schließen sich jedoch wieder und bringen die Pflanze meist nicht zum Absterben.

Unter dieser Gattung werden viele Arten aufgeführt, aber wirklich echte gibt es weit weniger als die 50 beschriebenen. Sie sind für den Amateur sehr dankbare Pflanzen, da man eine Anzahl verschiedener Formen auf kleinem Raum ziehen kann. Arten dieser Gattung und viele andere aus der Gruppe der »stammlosen Mesembryanthemen« eignen sich gut zu einer gemischten Bepflanzung von großen Schalen.

Ariocarpus kotschoubeyanus

$1^1/_2$ x nat. Gr.

Familie: *Cactaceae*

Vorkommen Die Arten der Gattung kommen hauptsächlich in Nord- und Mittel-Mexiko, von Coahuila bis Nuevo Leon, aber auch im südlichen Texas, nördlich des Rio Grande vor. Sie wachsen auf steinigem und felsigem Grund, manchmal auf Sand und häufig auf Kalkboden.

Beschreibung Die Pflanzen sind von fast zwergigem Wuchs und besitzen häufig eine Pfahlwurzel; in der Natur ist nur die Oberfläche sichtbar. Die Pflanzenkörper sind dicht warzig, wobei die Warzen je nach Art lang, dreieckig und glatt sein können; in anderen Fällen dagegen sind sie abgeflacht und haben eine schuppige Oberfläche. Die Areolen sitzen auf den Spitzen der Warzen. Alle Arten der Gattung sind stachellos. Zwischen den Warzen sind die Körper dicht weiß-wollig und dort, aber gegen den Scheitel zu, erscheinen die Blüten. Im Gegensatz zu den meisten anderen Kakteen blühen sie bei uns im Herbst, manchmal sogar noch im November. Die Blüten sind trichterförmig, weiß oder cremefarbig bis rosa und karminrot, 2,5 bis 5 cm im Durchmesser. Sie schließen sich nachts wie die meisten Kakteenblüten, bleiben aber 3 bis 7 Tage frisch. Die annähernd zylindrischen Früchte sind reif blaß rosa oder cremefarben, glatt, fleischig und 1 bis 2,5 cm lang.

Kultur Alle Arten dieser Gattung wachsen langsam; obwohl in der Natur nur die Oberfläche der Pflanzen am Boden zu sehen ist, sollten sie in Kultur etwas höher aus dem Boden herausragen, wie die Abbildung zeigt. Sie benötigen eine ziemlich sandige Humusmischung, aus zwei Teilen grobem Sand und einem Teil Humus; Tontöpfe sind Plastiktöpfen vorzuziehen. Bei Verwendung von Plastiktöpfen muß die Bodenmischung noch durchlässiger sein. Die Pflanzen müssen immer vorsichtig gegossen werden; bei trübem und feuchtem Wetter zwischen Frühling und Herbst sollte kein Wasser gegeben werden. Wie bei anderen Kakteen, die sorgfältig bewässert werden müssen, ist auch in diesem Fall ein guter Guß von oben an einem heißen, trockenen Tag die beste Methode. Wenn der Boden durchlässig genug ist, kann dabei kein Schaden entstehen. Sie können unter leicht schattiertem Glas oder in voller Sonne gezogen werden, obwohl die erste Methode empfehlenswerter erscheint. Im Winter, vorausgesetzt sie stehen trocken, ist eine Minimaltemperatur von 8° C ausreichend. Manche Arten, wie *A. fissuratus, A. lloydii* und die abgebildete können sogar niedrigere Temperaturen ohne Schaden ertragen.

Der Gattungsname *Roseocactus* wird verschiedentlich gebraucht, aber die Arten gehören alle zur Gattung *Ariocarpus*. Da die Pflanzen sehr langsam wachsen, braucht man fast ein Leben lang, um sie aus Samen großzuziehen. Daher bevorzugen die meisten Amateure junge Pflanzen von 2,5 bis 5 cm Durchmesser, die gerade blühfähig sind.

Astrophytum capricorne — Bischofsmütze $1^1/_2$ x nat. Gr.

Familie: *Cactaceae*

Vorkommen Die Gattung *Astrophytum* ist in Zentral- und Nord-Mexiko zu Hause und dort weit verbreitet, bis in Höhen von über 2100 m, häufiger jedoch wächst sie in tieferen Lagen. Eine Art, *A. asterias,* ist auch jenseits des Rio Grande, der die Grenze zwischen Mexiko und den USA bildet, im südöstlichen Texas in der Gegend von Starr und Hidalgo zu finden. Man kann sie dort meist zwischen Trockenbüschen finden. Dies trifft besonders für *A. asterias* mit seinem grünen, völlig stachellosen Körper zu. Sie wachsen meist auf ziemlich sandigem und steinigem Grund; aber *A. asterias* übersteht in seinen östlichen Verbreitungsgebieten auch zeitweise starke Regenfälle mit der sich daraus ergebenden hohen Luftfeuchtigkeit; was man jedoch für eine erfolgreiche Kultur nicht nachahmen sollte.

Beschreibung Die Arten dieser Gattung gehörten ursprünglich zu *Echinocactus.* Lemaire beschrieb 1839 die Gattung *Astrophytum;* der Name bezieht sich auf die »sternartige Gestalt« der stachellosen Art *A. myriostigma.* Die Gattung umfaßt zwei bestachelte und zwei stachellose Arten. Alle vier Arten sind ziemlich klein, kugelig, 4- bis 8rippig. *A. asterias* hat abgerundete Rippen, die anderen Arten dagegen kantige. Die Körperoberfläche ist manchmal, wie bei der abgebildeten Pflanze, mit rauhen, mehlig-weißen Flecken besetzt, die je nach Art und Varietät verschieden zahlreich sind. Die Areolen sind bei allen vier Arten deutlich getrennt und ziemlich dicht wollhaarig. Die beiden stacheligen Arten haben völlig verschiedene Stacheln. *A. ornatum* hat 5 bis 11 ziemlich steife, runde, aufrechte, gelbliche, bis etwa 4 cm lange Stacheln; *A. capricorne* und seine Varietäten dagegen haben zwar eine ähnliche Zahl, aber flache, weiche, beinahe papierartige, schwarze bis graue, 2,5 bis 5 cm lange Stacheln. Die Blüten sind immer trichterförmig, weit offenstehend, gelb, manchmal in der Mitte orangerot, 5 bis 7,5 cm im Durchmesser. Die kugeligen, ca. 2,5 cm dicken Früchte sind dicht mit kurzen, grauen bis schwarzen Stacheln besetzt, bei den stachellosen Arten jedoch eher wollig-haarig.

Kultur Da sie unverzweigt sind, können die Pflanzen nur durch Samen vermehrt werden; blühende Pflanzen erhält man innerhalb von 4 bis 5 Jahren, bei tropischem Klima früher. Die Samen keimen ziemlich schnell, und nach wenigen Wochen hat man Jungpflanzen, die größer sind als bei den meisten Kakteen gleichen Alters. Man neigt dann leicht dazu, sie durch Bewässern zu weiterem Wachstum anregen zu wollen, doch dies ist ein Fehler. Alle *Astrophytum*-Arten gedeihen am besten in leicht sandiger Humusmischung. Man sollte sie unter leicht schattiertem Glas ziehen, bei sehr heißem Wetter zwischen Frühjahr und Herbst reichlich gießen, wenn die Pflanzen einmal eine Größe von 4 bis 5 cm Durchmesser erreicht haben. Drei Jahre lang muß sehr sorgfältig gegossen werden. Von allen drei Arten ist *A. myriostigma,* die »Bischofsmütze«, zweifellos am einfachsten zu kultivieren. Vorausgesetzt man hält sie trocken, ist im Winter eine Temperatur von 8° C ausreichend; *A. myriostigma* schaden selbst tiefere Temperaturen nicht. Eine Ausnahme bildet *A. myriostigma* var. *nuda,* die bei weniger als 10° C und hoher Luftfeuchtigkeit im Winter orangefarbene Flecken bekommt. Die *Astrophytum*-Arten bringen während einer langen Periode von Hochsommer bis Herbst Blüten hervor, meist einzeln, aber auch zu zweien oder dreien. Die Samen sind sehr zart und zerbrechlich, sie sind daher mit Vorsicht zu behandeln.

Borzicactus humboldtii

$1^1/_2$ x nat. Gr.

Familie: *Cactaceae*

Vorkommen Borzikakteen kommen hauptsächlich in Bolivien, Peru und Ecuador vor; dort sind sie weit verbreitet, von nahezu Meereshöhe bis über 2100 m. Sie wachsen auf durchlässigem Untergrund in Schluchten und Tälern. Manche Arten sind sowohl in niederen wie in höheren Lagen weit verbreitet, da sie sich in verschiedene ökologische Rassen gliedern. Das gleiche findet man auch bei anderen Gattungen, bei denen sich das Verbreitungsgebiet einer einzelnen Art über 1500 bis 4500 km erstrecken kann.

Beschreibung Die Borzikakteen sind meist vom Grund her verzweigte Säulenkakteen, mit gewöhnlich nur in den ersten Jahren aufrechten, dann niederliegenden Stämmen. Die ziemlich schwachen Stämme erreichen einen Durchmesser von 5 cm oder mehr und können 1 bis 1,5 m lang werden. Sie haben 8 bis 12 abgerundete, niedrige Rippen, wobei die darauf leicht erhöht sitzenden Areolen jeweils durch eine Querfurche voneinander getrennt sind. Die Areolen sind oval, weißbraun-wollig und stehen in einem Abstand von bis zu 2,5 cm. Zentrale und radiale Stacheln sind deutlich zu unterscheiden; die bis 16 radialen Stacheln sind ausgebreitet, bis 2,5 cm lang, gelblich-weiß bis braun. Zentrale Stacheln sind selten mehr als vier vorhanden, meist sind es weniger, sie sind 2,5 bis 5 cm lang, elfenbeinfarben bis braun und stehen gerade vom Stamm ab. Die Blüten halten sich zwei Tage; sie sind röhrig und öffnen sich am Saum je nach Art auf verschiedene Weise. Der abgebildete Borzikaktus öffnet sich fast gar nicht. Die meisten Blüten sind mehr oder weniger zygomorph (d. h. sie haben nur eine vertikale Symmetrieachse). Dies ist vor allem bei *Cleistocactus wendlandiorum* (S. 52) deutlich sichtbar, der besonders ausgeprägt zygomorphe Blüten (in Form eines Kaffeekannenschnabels) besitzt. Die Früchte sind klein, rund, behaart oder mit borstigen Stacheln besetzt.

Kultur Borzikakteen sind leicht zu ziehen; sie sind sogar ohne Blüten hübsch anzusehen. Sie bevorzugen einen Boden, der aus gleichen Teilen Sand und Humus besteht und brauchen viel Wasser während der heißen Monate zwischen Frühling und Herbst. Zieht man sie in Töpfen, so sollten diese so groß wie möglich sein. Die besten Ergebnisse werden jedoch mit ausgepflanzten Exemplaren erreicht. Alle unsere Arten werden in angebauten Wintergärten gezogen, wo sie ein Maximum an Sonnenbestrahlung erhalten, da Schattierung nicht angebracht ist. Bis zu einem Alter von 4 bis 5 Jahren jedoch brauchen die Pflanzen einen gewissen Sonnenschutz. Während des Winters, vorausgesetzt man hält sie trocken, ist eine Temperatur von 8° C ausreichend.

Es wird immer noch darüber gestritten, wie viele Arten unter dieser Gattung zusammenzufassen sind. Einige Autoren sind der Ansicht, daß auch *Bolivicereus, Clistanthocereus, Loxanthocereus, Maritimocereus* und *Seticereus* hierzu gehören.

Brachystelma barberiae

$1^1/_2$ x nat. Gr.

Familie: *Asclepiadaceae*

Vorkommen *Brachystelma*-Arten sind weit verbreitet von Äthiopien bis Süd- und Westafrika. Nicht sukkulente Arten gedeihen in viel feuchteren Gebieten, ansonsten wachsen sie zwischen Gras und unter Sträuchern auf sandigem Boden.

Beschreibung Die sukkulenten Arten der Gattung haben im allgemeinen eine dicke, etwas abgeflachte Stammknolle, die nur an der Unterseite kleine Seitenwurzeln trägt und wie bei der abgebildeten Art ca. 30 cm im Durchmesser erreicht. Die sukkulenten Knollen wachsen am natürlichen Standort so, daß gerade noch die Oberfläche sichtbar ist, oder sie sind während der sehr heißen Ruhezeit ganz mit Sand bedeckt. Die blättertragenden Sprosse können aufrecht über den Knollen stehen; viele Arten entwickeln jedoch schwache, weiche Stengel, die an nahestehenden Sträuchern Halt suchen (wie etwa die meisten der nahe verwandten Ceropegien). Die Stengel tragen paarweise gegenständige, meist etwas eiförmige, zugespitzte Blätter. Diese jährlich während der Vegetationsperiode neu gebildeten Sprosse sind nicht oder kaum fleischig und nur etwa 6 bis 7 Monate vorhanden. Manche Arten, wie die gegenüber abgebildete, blühen vor der Entwicklung der Blatttriebe; gelegentlich kann aber auch die beblätterte Pflanze nochmals blühen. Diese Arten haben doldige Blütenstände; viele der zwergigen, kriechenden Arten dagegen nur jeweils eine Einzelblüte in den Blattachseln entlang der dünnen Stämmchen. Die Blüten sind nicht nur in ihrer Größe (bei den großblütigen Arten 5 bis 10 cm im Durchmesser), sondern auch in ihrer Form sehr verschieden. Bei der abgebildeten Art bleiben die Kronblätter an der Spitze vereinigt, genau wie bei fast allen *Ceropegia*-Arten, während sie sich bei anderen Arten wie bei den Stapelien weit öffnen. Die Blütenkronen bei *Brachystelma, Ceropegia* und *Stapelia* sind fleischig, fast immer fünfzipfelig, einfarbig, gefleckt oder gestreift, wobei cremeweiße und purpurbraune Farbtöne auftreten. Einige Arten, wie *B. barberiae,* strömen während der Blütezeit einen unangenehmen Geruch aus; viele der kleinen Arten sind jedoch geruchlos.

Kultur Einige *Brachystelma*-Arten eignen sich besser zur Kultur als andere, aber alle brauchen einen aus Sand und Humus gemischten Boden. Sie müssen unter leicht schattiertem Glas gezogen und während der Wachstumsperiode von Frühling bis Herbst immer sorgfältig gegossen werden. Obwohl an ihren natürlichen Standorten die Knollen fast unsichtbar sind, ist es bei Kultur angebracht, besonders im gemäßigten Klima, die Knollen auf die Bodenoberfläche zu setzen und 1 bis 2,5 cm hoch mit grobem Sand oder Kies von guter Wasserdurchlässigkeit zu umgeben. Die erlaubte Minimaltemperatur im Winter richtet sich nach dem jeweiligen Herkunftsland der entsprechenden Art. Die Mehrzahl der Arten wird jedoch am besten trocken und bei einer Temperatur von 10° C gehalten.

Die Gattung ist, obwohl man gelegentlich einige wenige Arten sehen kann, in den Sammlungen auch heute noch wenig bekannt.

Blossfeldia fechseri 4 x nat. Gr.

Familie: *Cactaceae*

Vorkommen Die meisten Arten der Gattung kommen im nördlichen Argentinien und in Bolivien vor, wo sie in felsigen gebirgigen Gegenden wachsen; häufig trifft man sie in Felsspalten, sogar in der Nähe von Wasserfällen, wo ihnen die zusätzliche Feuchtigkeit besonders gut zu bekommen scheint.

Beschreibung *Blossfeldia*-Arten sind die kleinsten bekannten Kakteen. Sie sind leicht Polster bildende Zwergarten. Die Oberseite jedes Kopfes ist meist flach, wenn es sich um wurzelechte Pflanzen handelt, bei gepfropften Exemplaren ist sie jedoch mehr kuppelartig gewölbt. Die Arten sind völlig unbestachelt, wobei aber die winzigen Areolen noch deutlich sichtbar sind. Die kleinen Blüten halten sich 2 bis 5 Tage, sie erscheinen von Frühjahr bis Herbst aus den Areolen am Scheitel jedes Kopfes.

Kultur Die Arten brauchen im Gewächshaus einen warmen aber schattigen Platz und sandigen Humusboden. Bei heißem Wetter müssen sie von oben häufig mit Wasser besprüht werden, um eine gewisse Luftfeuchtigkeit, die der ihrer natürlichen Standorte entspricht, zu erzeugen. Sämlinge müssen zweimal täglich besprüht werden, um sie vor dem Austrocknen zu bewahren.

Einige weitere Arten sind beschrieben worden, wir halten jedoch nur *A. fechseri* und *A. liliputana* für gute Arten.

Caralluma lugardi

2 x nat. Gr.

Familie: *Asclepiadaceae*

Vorkommen Arten dieser Gattung sind in Afrika weit verbreitet, vor allem in Gebieten mit geringen Niederschlägen. Sie kommen auch in Arabien bis in das nördliche Israel und östlich bis nach Indien und Sri Lanka (früher Ceylon) vor, ebenso auf den Kanarischen Inseln (Fuerteventura) und im südlichen Spanien. Die Mehrzahl der kleinwüchsigen Arten gedeiht im Schatten anderer xerophytischer Sträucher, nur einige großwüchsige Arten wachsen auch unter voller Sonneneinstrahlung, an immer gut wasserdurchlässigen, felsigen, steinigen oder sandigen Standorten.
Beschreibung *Caralluma*-Arten haben gewöhnlich 4- bis 6kantige, fleischige, unter und über der Erdoberfläche verzweigte, meist völlig blattlose Stämmchen. Die fünfteiligen Blüten erscheinen einzeln oder häufiger gebüschelt an verschiedenen Stellen der Stämme. Sie sind 0,5 bis 7,5 cm im Durchmesser und können, da sie meist ausgesprochen fleischig sind, eine Woche oder länger geöffnet bleiben. Die Früchte gleichen einem Paar Hörner und sind bis 15 cm lang. Die flachen Samen tragen einen Büschel seidiger Haare und werden so durch den Wind verbreitet.
Kultur Die *Caralluma*-Arten sind meist einfach zu kultivieren; sie bevorzugen eine Mischung aus Sand und Blattkompost; bei heißem Wetter können sie nach Gutdünken gegossen werden. Die meisten Arten gedeihen an einem warmen, aber etwas schattigen Platz am besten. Im Winter genügen für alle Arten, außer denjenigen aus den extrem tropischen Gebieten, 8° C. Die tropischen Arten brauchen jedoch immer über 10° C.

Cephalocereus palmeri — Schopfkerzenkaktus nat. Gr.

Familie: *Cactaceae*

Vorkommen Die Gattung *Cephalocereus* umfaßt viele Arten und ist weit verbreitet von Florida über die Mehrzahl der Karibischen Inseln, das nordöstliche Mexiko bis Ecuador und Ostbrasilien. Die Wachstumsbedingungen sind recht verschieden, doch wachsen viele Arten in Gebieten mit sehr warmem und feuchtem Klima oder nur wenig über Meereshöhe, woraus sich ergibt, wie sie am besten kultiviert werden sollten. *C. hoppenstedtii* und *C. senilis* (»Greisenhaupt«) sind in etwas höher gelegenen Gebieten Mexikos beheimatet und brauchen daher nicht so viel Feuchtigkeit.

Beschreibung Alle Cephalocereen sind säulige und leicht verzweigte Pflanzen. Der weitaus größte Teil davon wächst aufrecht, wobei die Stämme mancher Arten bis 9 m hoch und 30 cm dick werden können. Einige entwickeln am Grunde einen sehr dicken Hauptstamm; nur ein oder zwei Arten, wie *C. fluminensis,* der in Brasilien im Küstengebiet bei Rio de Janeiro wächst, sind kriechend. Die Säulen sind dicht wollig-behaart, immer stark gerippt, mit 7 bis 30 Rippen, auf denen die Areolen meist nahe beieinander stehen. Die Wollbehaarung ist manchmal ziemlich lang und gewöhnlich weiß. Jede Areole kann 10 bis 25 Stacheln tragen, wovon einige seitlich abstehen und bis zu einem gewissen Maß dem Stamm anliegen; bis zu 10 Stacheln können zentral und aufrecht stehen. Alle Stacheln sind verhältnismäßig zart, meist weiß, grau oder braun und 2,5 bis 7,5 cm lang. Wenn ein Stamm ausgewachsen ist, werden bei einigen Arten erheblich mehr Haare und Wolle als vorher gebildet, d. h. es entwickelt sich ein sogenannter »Scheinschopf« (Pseudocephalum). Manchmal tritt dies nur an einer Stammseite auf, in anderen Fällen in einer gewissen Höhe rund um den Stamm. In diesen Scheinschöpfen entspringen die Blüten inmitten der dichten Wolle der Areolen; sie öffnen sich nur während einer Nacht. Meist sind sie glockig und haben im Vergleich zu anderen Kakteen sehr kurze Blütenblätter. Die Blütenfarbe ist unterschiedlich, aber meist blaß schmutzig-weiß, rosa, braunrosa, blaßgelb usw. An den 2,5 bis 5 cm dicken, kugeligen Früchten bleibt die eingetrocknete Blumenkrone erhalten. Die reifen, fest an den Stämmen haftenden Früchte öffnen sich beinahe wie eine Blüte und geben so die im oft leuchtend purpurn gefärbten Fruchtfleisch liegenden, kleinen, schwarzen Samen frei.

Kultur Die meisten Cephalocereen lassen sich sehr leicht aus Samen oder Stecklingen ziehen. Mit wenigen Ausnahmen bevorzugen sie eine Mischung aus 50 oder mehr Prozent Humus mit Sand und viel Wasser in der Zeit von Frühjahr bis Herbst. Jungpflanzen sollten unter leicht schattiertem Glas gezogen werden. Ältere Pflanzen können in voller Sonne stehen, da sie ausreichend Stacheln und Wollhaare besitzen. Genauso wie bei den Corryokakteen ist Auspflanzung und dadurch bedingte freie Wurzelentfaltung ideal. Im Winter sind die meisten Arten, wenn sie trocken stehen, bei 10° C am besten versorgt. Die langsamer wachsenden Arten, wie *C. hoppenstedtii* und *C. senilis,* brauchen einen wasserdurchlässigen Boden und sorgfältigeres Gießen; dies besonders bei den Jungpflanzen. Sie vertragen aber, wenn sie trocken gehalten werden, niedrigere Wintertemperaturen, wobei 8° C und weniger durchaus erlaubt sind.

Der Gattungsname *Cephalocereus* leitet sich vom Griechischen »Kephalos« (Kopf, Haupt) ab, und bezieht sich auf die haarigen oder wolligen Köpfe, die sich bei dieser Gattung im blühfähigen Alter bilden. *C. senilis* ist eine der bekanntesten Arten in Kultur. Wegen seiner langen, weißen Behaarung wird er als »Greisenhaupt« bezeichnet.

Cereus jamacaru forma **monstrosus**

$1^1/_2$ x nat. Gr.

Familie: *Cactaceae*

Vorkommen Arten dieser Gattung sind weit verbreitet in Südamerika, besonders in Gebieten östlich der Anden, aber auch auf Curaçao und einigen anderen Westindischen Inseln. Von dort stammt *C. repandus*. Sie wachsen von nahezu Meereshöhe bis in Höhen, wo im Winter Frost auftritt.

Beschreibung *Cereus*-Arten sind meist baumförmig, mit schön kandelaberartig-aufrechten, verzweigten, bis 14 m hohen und bis 30 cm dicken Stämmen und Ästen. Es gibt einige niedrige oder sogar niederliegende Arten, die nicht über 1 m Stammlänge erreichen und dichte Gebüsche bilden. Die Stämme bzw. Äste sind alle deutlich 4- bis 7rippig; bei manchen Exemplaren, besonders bei Jungpflanzen, sind die Rippen tief eingeschnitten und scheinen daher nahe beieinander zu liegen; andere Arten, wie etwa *C. aethiops,* haben abgerundete Rippen. Die oft weiß- oder braunwolligen, runden Areolen stehen 2,5 bis 5 cm auseinander. Ihre 3 oder 4 (bis 12) Stacheln sind meist deutlich als Radial- und Zentralstacheln erkennbar; sie sind grau, braun oder schwarz, steif, etwa 0,5 bis 6 cm lang und stehen senkrecht vom grünen oder hell bläulichen Stamm ab. Die Blüten erscheinen in den Areolen alter oder junger Stämme, aber niemals nahe dem Scheitel. Sie sind ziemlich groß, trompetenförmig, mit einer langen, außen grünschuppigen Röhre. Diese Nachtblüher variieren in Farbtönen von grünlichweiß, weiß oder rosa und können bis 25 cm Länge und 10 bis 12,5 cm Durchmesser erreichen. Die eiförmigen Früchte werden bis 12,5 cm lang und bis 7,5 cm dick, sie sind fleischig und außen glatt; ausgereift sind sie leuchtend rot und von feinem, fruchtigem Duft.

Kultur Alle Arten lassen sich leicht kultivieren, sie wachsen auf jedem durchschnittlichen Boden und brauchen von Frühling bis Herbst viel Wasser. Sie sind meist schnellwüchsig und können bei freier Wurzelentfaltung 30 bis 60 cm im Jahr wachsen. Kultiviert man sie als Topfpflanzen, ist das Wachstum entsprechend langsamer; sie können so als Zwergformen über Jahre kultiviert werden (wie die japanischen »Bonsa«-Bäumchen). Jungpflanzen aus Samen eignen sich ausgezeichnet als Zimmerpflanzen, werden jedoch manchmal zu groß; bis zu einer Höhe von ca. 60 cm sollte man sie unter leicht schattiertem Glas lassen, um Verbrennungen zu vermeiden. Ältere Pflanzen sind weniger sonnenempfindlich. Während des Winters halten die meisten Arten, mit Ausnahme derjenigen aus Westindien oder Gebieten mit ähnlichen klimatischen Verhältnissen, bei Trockenhaltung Temperaturen bis unter den Gefrierpunkt aus. Dies bezieht sich wiederum auf ältere Pflanzen; während der ersten Jahre sind sie empfindlicher. Einige unserer Arten, wie *C. peruvianus* und *C. caesius,* stehen in ungeheizten Gewächshäusern, in denen im Winter die Temperatur auf –9° C absinken kann. Unsere Abbildung einer monströsen Form von *Cereus* ist keineswegs typisch für den normalen Habitus dieser Gattung; sie ähnelt in ihren Formen sonst vielmehr *Myrtillocactus geometrizans* (S. 126). Jedoch werden gerade monströse Formen verschiedener Kakteen, genauso wie die sogenannten »Cristaten«, wegen ihres ungewöhnlichen Aussehens kultiviert.

Cerochlamys pachyphylla

2 x nat. Gr.

Familie: *Ficoidaceae*

Vorkommen Diese Gattung besteht aus nur einer Art und ist in einem relativ kleinen Gebiet in der Kleinen Karru in der Kap-Provinz in Südafrika zu Hause; in diesem Gebiet, etwa zwischen Ladysmith und Oudtshoorn, wächst sie auf steinigem, sandigem Grund und in den Spalten von Kalkfelsen.

Beschreibung Die Pflanzen sind mehr oder weniger stengellos, mit nur einem oder wenigen Trieben und kaum höher als 7,5 bis 10 cm. Die gegenständigen Blätter sind länglich, im Querschnitt fast dreieckig, auf der Unterseite gekielt, 5 bis 6 cm lang und weniger als 1 cm breit, blaugrün und bei voller Sonneneinstrahlung etwas braun bis purpurn überlaufen, die Oberfläche ist leicht wachsig. Die Blüten erscheinen am Scheitel der Triebe und sind 2,5 bis 4 cm lang gestielt, voll geöffnet haben sie einen Durchmesser von 4 cm. Wie bei vielen Mesembryanthemen öffnen sich die Blüten nicht vor dem mittleren oder späteren Nachmittag, sie schließen sich bei Einbruch der Dunkelheit und halten sich etwa eine Woche. Neben der abgebildeten purpurrosa Form gibt es noch eine weißblütige, die fälschlich als »var. *alba*« bezeichnet wird; tatsächlich hat diese blühfreudige Art Blüten in allen Farbschattierungen zwischen weiß und purpurrot, allerdings sind Rottöne häufiger.

Kultur Obgleich *C. pachyphylla* wild unter ähnlichen Umweltbedingungen wächst wie *Argyroderma ovale,* stellt es in Kultur höhere Ansprüche an den Boden, der aus etwa gleichen Teilen Sand und Humus bestehen sollte. Zwischen Frühling und Herbst ist bei warmem Wetter vernünftiges Gießen erforderlich. Aus Samen gezogene Pflanzen blühen nach zwei Jahren. Die Art ist für Anfänger ganz besonders gut geeignet. Wir haben sie unter leicht schattiertem Glas ausgepflanzt, damit sich die Wurzeln frei entfalten können. Das Wurzelsystem ist fein-faserig, man sollte aber bei Topfkultur keine zu kleinen Töpfe verwenden.

Wenn man beabsichtigt, Mesembryanthemen ausgepflanzt zu kultivieren, sollte man nicht nur Pflanzen aus einer Gattung, sondern auch annähernd gleich schnell bzw. langsam wachsende mit gleichen Kulturansprüchen zusammengruppieren. Beim Bepflanzen von Schalen ist das gleiche zu beachten; vielfach wird der Fehler begangen, langsam- und schnellwüchsige Arten zusammenzupflanzen.

Ceropegia radicans

$2^1/_2$ x nat. Gr.

Familie: *Asclepiadaceae*

Vorkommen Die Gattung *Ceropegia* besitzt ein großes Verbreitungsgebiet, vor allem in Zentral-, Süd- und Ostafrika, Madagaskar, Indien und auf den Kanarischen Inseln. Die dünnstengeligen, schlingenden, kletternden Arten wachsen im Gebüsch, wo sie an Ästen und Zweigen Halt finden; kriechende, an den Stengeln wurzelnde oder knollenbildende Arten kommen auf Sand und zwischen Felsen vor; von den Kanarischen Inseln kommen die Arten mit stabförmigen Stengeln, die dort meist im Schutz von Dornbüschen auf Sand oder zwischen Felsen wachsen.

Beschreibung Die Ceropegien lassen sich ihrer Wuchsform nach in drei Gruppen aufteilen: 1. Arten mit Knollen, die denjenigen von *Brachystelma barberiae* gleichen; sie haben meist lange, dünne, schlingende Stengel mit gegenständigen, mehr oder weniger fleischigen Blättern. 2. Kriechende und kletternde Arten mit dickeren und kräftigeren Stengeln. 3. Arten, die mit ihren steif aufrechten, stabförmigen Stengeln lockere Büsche bilden. Die Blätter sind unterschiedlich geformt, einfarbig, grün oder purpurrot, bisweilen hell gefleckt (wie bei der bekannten *C. woodii*). In einigen Fällen sind die Blätter sehr fleischig (sukkulent) und bleiben viele Jahre lang an der Pflanze, während die nicht sukkulenten Blätter bis zu sechs Monate halten, dann vertrocknen und abfallen. Die kriechenden und klimmenden Formen wie etwa *C. stapeliaeformis* haben zunächst dikkere, dunkelgrün bis braunpurpurn gefärbte, oft heller gefleckte Stengel, die jedoch, wenn sie höher klettern, bedeutend dünner werden. Die stabförmigen Stengel der Ceropegien von den Kanarischen Inseln können bis 60 cm hoch werden. Sie sind am Grunde locker bogig verzweigt und dann steif aufrecht, grün bis olivbraun gefärbt und tragen an den Knoten die in Büscheln angeordneten Blüten. Die Blüten der Ceropegien können zwischen 1 und 10 cm lang sein; sie sind meist laternenförmig, wie bei der abgebildeten Art, etwa so wie bei *Brachystelma barberiae*. In wenigen Fällen bleiben die Zipfel der Blütenblätter mit ihren Spitzen nicht vereinigt, so daß sich die Krone normal öffnen kann. Diese interessanten Blüten zeigen eine große Formenvielfalt, weisen viele Färbungen auf, sind glatt oder gefleckt und tragen oft Massen beweglicher Haare. Die Früchte der Ceropegien gleichen weitgehend denen von *Caralluma*.

Kultur Ceropegien können im allgemeinen in einer Sand-Humus-Mischung und unter leicht schattiertem Glas gezogen werden, zwischen Frühling und Herbst müssen sie bei warmem Wetter ausreichend gegossen werden. Da sie jedoch so verschiedene Wuchsformen umfassen, müssen auch die entsprechenden Kulturmethoden angewandt werden, besonders dann, wenn es um die höherwüchsigen Pflanzen geht. So halten z. B. Arten aus Südafrika Temperaturen bis 8° C gut aus, während andere aus tropischen Gebieten eine Minimaltemperatur von 10° C benötigen. Die Arten von den Kanarischen Inseln wachsen während des Winters, brauchen daher 8° C oder mehr, so daß sie gegossen werden können. Obgleich sie während des Sommers meist ruhen, sollten sie etwas gegossen werden, um ein Schrumpfen zu verhindern.

Die Gattung *Ceropegia* ist so interessant und vielseitig, daß sie hier nur gestreift werden kann. Unsere willkürliche Einteilung in drei vegetativ verschiedenartige Gruppen zeigt die große Variationsbreite. Einige Arten sterben während der Ruheperiode im Winter bis auf die Knolle ab (wie die meisten *Brachystelma*-Arten). Sie lassen sich zum Glück leicht aus Samen ziehen und durch Stecklinge vermehren.

Chamaecereus silvestrii $^1/_2$ nat. Gr.

Familie: *Cactaceae*

Vorkommen Diese Art stammt aus Argentinien, wo man sie in den Gebirgen zwischen Tucuman und Salta unter Büschen wachsend finden kann.
Beschreibung *C. silvestrii* ist niedrig im Wuchs und etwas niederliegend; die Pflanzen bestehen aus zahlreichen, fingerähnlichen Stämmchen, die 1 bis 2,5 cm dick und manchmal bis 15 cm lang werden können. Jedes Stämmchen hat 8 bis 10 Rippen mit dicht beieinander sitzenden Areolen, in denen die sehr kurzen, feinen, weißen oder strohgelben Stacheln sitzen. Die Blüten erscheinen im Frühjahr und Frühsommer, sie erreichen 5 bis 7,5 cm Durchmesser und halten zwei Tage lang.
Kultur Eine recht einfach zu ziehende Art, die auf jeder geeigneten Bodenmischung, am besten unter leicht schattiertem Glas, wächst. Die Pflanzen brauchen zwischen Frühling und Herbst viel Wasser, sollen aber im Winter ziemlich kühl stehen, um oder sogar unter dem Gefrierpunkt, vorausgesetzt sie sind völlig trocken. Werden sie im Winter zu warm gehalten, wirkt sich dies negativ auf die Blühfreudigkeit im nächsten Jahr aus. Die Pflanzenkörper sind sehr zart und daher sehr anfällig gegen Rote Spinne, die in kurzer Zeit eine frische, grüne Pflanze graubraun werden läßt. Häufiges Absprühen von oben kann sich günstig auswirken. Doch Vorsicht ist immer geboten!

Chiapasia nelsonii

$^1/_2$ nat. Gr.

Familie: *Cactaceae*

Vorkommen Eine epiphytische Kakteenart, die auf Bäumen in verrottetem Laub wächst. Man findet sie in den Urwäldern von Honduras und im Gebiet von Chiapas in Mexiko.

Beschreibung Bei jungen Pflanzen stehen die flachen, sukkulenten Sprosse zunächst aufrecht, nach zwei Jahren werden sie jedoch überhängend und können an großen Pflanzen bis zu 1,2 m herabhängen. Die Flachsprosse sind an den Kanten etwas gezähnt oder gebuchtet, wobei die über den Zähnen sitzenden Areolen vollkommen stachellos sind. Die Blüten erscheinen im Frühjahr aus den Areolen. Manche Pflanzen bilden dünne, zylindrische Stämme aus, an denen wiederum Flachsprosse entspringen. Die Blüten sind bis 7,5 cm lang und in verschiedenen Tönen von Rosa bis Karminrot gefärbt.

Kultur *C. nelsonii* braucht als Epiphyt warme und feuchte Bedingungen unter schattiertem Glas; er benötigt eine Bodenmischung aus wenigstens drei Volumenteilen Humus (am besten Buchen- oder Eichenlaub) auf einen Teil Sand. Von Frühjahr bis Herbst muß gut gegossen sowie von oben besprüht werden. Während des Winters braucht er eine Temperatur von wenigstens 8° C und etwas Wasser, um Schrumpfen zu vermeiden.

Die Art wird auch gelegentlich zusammen mit einigen anderen Arten unter dem Gattungsnamen *Disocactus* genannt.

Cleistocactus wendlandiorum

2 x nat. Gr.

Familie: *Cactaceae*

Vorkommen *Cleistocactus*-Arten sind in Zentral-Bolivien, Peru, Uruguay, Paraguay und in West-Argentinien beheimatet. Sie kommen dort in hügeligem, felsigem Gelände, von niederen Lagen bis 2300 m Höhe in den Ausläufern der Anden vor.

Beschreibung Die verschiedenen Arten haben relativ schlanke Stämme von 2,5 bis 6,5 cm Dicke. Manche wachsen aufrecht und werden bis 2 m hoch, andere sind niederliegend mit bis 4,5 m langen Stämmen, z. B. *C. dependens*. Die Zahl der Rippen schwankt zwischen 10, bei einigen niederliegenden Arten, und 25 bei den dickeren, aufrechten Arten, z. B. bei dem weißstacheligen *C. strausii*. Die Rippen sind abgerundet, mit ziemlich dicht stehenden Areolen. Diese sind rund, weiß oder gelblich-braun und reichlich bestachelt. In den meisten Fällen lassen sich radiale und zentrale Stacheln unterscheiden. Die Anzahl der Radialstacheln schwankt von 8 bis 30. Bei einigen Arten sind sie sehr fein bis haarartig, etwa weiß bis braun gefärbt und 0,5 bis 1 cm lang. Die 1 bis 3 Zentralstacheln haben etwa die gleiche Farbe, manchmal sind sie aber etwas dunkler oder blaßgelb gefärbt und heben sich so von den weißen radialen Stacheln ab, wie es bei *C. strausii* der Fall ist. Aus den Areolen erscheinen die Blüten fast über den ganzen Stämmen, sowohl an alten wie an jungen. Sie sind röhrig, 2,5 bis 9 cm lang, und öffnen sich nur so weit, daß die Staubblätter und der Griffel etwas hervortreten können. Die röhrenförmigen Blüten sind meist gerade, aber in einigen Fällen, z. B. bei der abgebildeten Art, deutlich zygomorph (siehe *Borzicactus humboldtii*, S. 36). Die Außenseite der Röhre ist bei diesen Arten schuppig, mit borstenartigen Stacheln oder Haaren besetzt. Die Blütenfarbe wechselt von hellgrün und gelb bis zu vielen Rot- und Purpurtönen; manchmal sind die Farben gemischt, wie bei *C. smaragdiflorus*, mit grüner, oberwärts gegen den Saum zu rosa-purpurner Blütenröhre. Die Früchte sind kugelig, etwa 1 cm im Durchmesser oder auch kleiner und ebenso schuppig und fein bestachelt wie die Blütenröhren.

Kultur *Cleistocactus*-Arten lassen sich leicht aus Samen oder Stecklingen ziehen, aber nur wenige Arten blühen vor dem fünften Jahr. Manche brauchen noch einige Jahre länger, sogar dann, wenn sie ausgepflanzt sind und ihre Wurzeln sich frei entfalten können, was die beste Kulturmethode ist. Sie brauchen einen Boden aus gleichen Teilen Sand und Humus oder einen etwas größeren Humusanteil für diejenigen Arten, bei denen die Stämme weniger dicht bestachelt sind und die etwas schneller wachsen. Vier- bis fünfjährige Pflanzen der dicht bestachelten Arten können in voller Sonne gezogen werden, sonst ist leichter Schatten angebracht. Bei warmen Wetter zwischen Frühjahr und Herbst brauchen die meisten möglichst ausreichende Bewässerung. Im Winter reicht für den größten Teil der Arten eine Temperatur von 5° C aus.

Die Gattung wurde erstmals von LEMAIRE 1861 beschrieben; in ihr wurden Arten zusammengefaßt, die früher zu *Cereus* gerechnet wurden. Eine wegen ihrer dichten, weißen Behaarung sehr bekannte Art ist *C. strausii*. Die abgebildete Art und der kriechende *C. smaragdiflorus*, wie auch *C. vulpis-cauda* (eine Zwergart innerhalb der Gattung) blühen bereits sehr jung.

Copiapoa echinoides

$1^1/_2$ x nat. Gr.

Familie: *Cactaceae*

Vorkommen *Copiapoa*-Arten sind fast nur in Chile zu finden, meist in der nördlichen Hälfte des Landes bis zur Grenze von Bolivien, wo sie sowohl in den Wüstengebieten an der Küste als auch in den niedrigeren Tälern der westlichen Anden vorkommen und meist in voller Sonne auf steinigem, felsigem Boden wachsen.

Beschreibung Der Name *Copiapoa* stammt von BRITTON und ROSE 1920, und leitet sich von der chilenischen Landschaft Copiapo ab. Die Pflanzen haben kugelige bis zylindrische Stämme; die größten werden bis 1 m hoch und bis 20 cm dick. In den meisten Fällen bilden sie reichlich Neutriebe aus, so daß im Alter große, klumpenförmige Gruppen entstehen. Es gibt einige sehr kleinwüchsige Arten, wie *C. humilis,* die ebenfalls locker polsterförmig wachsen. Manche Arten entwickeln eine ausgesprochene Pfahlwurzel, mit einem dünnen Zwischenstück zwischen Wurzel und Stamm. Die Oberfläche der Stämme ist bei *Copiapoa*-Arten verschieden gestaltet. Einige sind grünlichbraun; viele der größeren Arten, die am natürlichen Standort in voller Sonne wachsen, sind dagegen kalkig-grau, wohl um die starke Strahlung zu reflektieren. Sie sind alle deutlich gerippt, wobei die Zahl der Rippen meist 10 bis 20 beträgt. Auf den abgerundeten oder scharfkantigen Rippen sitzen große, rundliche, weiß-braun wollige Areolen. Die Stacheln, bei denen sich radiale und zentrale unterscheiden lassen, wobei die letzteren ziemlich senkrecht von der Pflanze abstehen, sind alle ziemlich steif, mit Ausnahme der zwergigen Arten, wie etwa *C. humilis.* Pro Areole sind etwa 10 radiale und 1 bis 2 zentrale Stacheln vorhanden; sie sind am Anfang bräunlich, werden dann langsam grau bis weiß und sind selten mehr als 2,5 bis 4 cm lang. Die Blüten erscheinen auf dem Scheitel der Stämme, sie sind immer gelb, trichterförmig, mit sehr kurzer Röhre und haben einen Durchmesser von 2,5 bis 4 cm. Die Früchte sind ziemlich klein, glatt, trocknen beim Reifen und reißen an der Spitze auf, um die Samen zu entleeren.

Kultur *Copiapoa*-Arten sind nicht schwierig zu kultivieren. Allerdings können sie, mit Ausnahme der zwergigen Arten, bis zu zehn Jahren brauchen, um die blühfähige Größe zu erreichen. Die größerwüchsigen Arten bilden selten vorher Seitensprosse. Sie brauchen einen aus etwa gleichen Teilen Sand und Humus bestehenden Boden sowie ausreichende Bewässerung von Frühling bis Herbst. Bei trübem Wetter ist, besonders bei denjenigen Arten mit Pfahlwurzeln, vorsichtige Behandlung geboten. Sie können unter leicht schattiertem Glas als Topfpflanzen gezogen werden; ausgepflanzt bei freier Wurzelentfaltung neigen nach unserer Erfahrung viele Arten zu stärker verzweigtem Wuchs. Während des Winters kann man sie kühl halten, bis 5° C oder vielfach sogar noch niedriger, wenn sie entsprechend trocken stehen.

C. cinerea und *C. haseltoniana* sind wegen ihrer äußeren Erscheinung durchaus für die Kultur geeignet, weniger jedoch wegen ihrer Blühfähigkeit in jungen Jahren; sehr dankbar blühen dagegen *C. humilis, C. hypogaea* und *C. fiedleriana* mehrere Monate lang zwischen Sommer und Herbst, und das schon als junge Pflanzen.

Corryocactus ayopayanus 2 x nat. Gr.

Familie: *Cactaceae*

Vorkommen Die Corryocacteen kommen aus Brasilien und Peru. Man kann sie mit Recht als Hochlandspflanzen bezeichnen, da manche Arten in Höhen von etwa 3000 m vorkommen, z. B. *C. melanotrichus,* der auf felsigem Untergrund wächst. Anderseits wächst. *C. brachypetalus* auf sandigem Boden unterhalb 600 m.

Beschreibung Die Gattung *Corryocactus* wurde 1920 von BRITTON und ROSE beschrieben und benannt nach T. A. CORRY, Chef-Ingenieur bei der »Farrocarril del Sur« der Corporation von Peru, als Dank für seine Hilfe bei ihren Forschungsreisen in diesem Teil der Welt. Corrykakteen haben säulenförmige Stämme von 1 bis 3,5 m Länge, 2,5 bis 18 cm Durchmesser, die meist am Grunde verzweigt sind, wodurch diese Pflanzen ein kandelaberartiges Aussehen bekommen. Die oberen, jüngeren Teile der Stämme sind verschieden grün getönt, nach dem Grunde zu aber grau und holzig, wie viele andere Kandelaber-Kakteen. Die Zahl der Rippen beträgt 6 bis 8, sie treten meist stark hervor. Die Areolen sind 2,5 cm oder mehr voneinander entfernt, sie sind oft wollig und tragen 10 bis 20 starke Stacheln, die nach verschiedenen Richtungen abstehen; die längsten davon können bis 5 cm lang sein, manchmal aber auch nur die Hälfte davon; sie sind von grau-weiß bis braun gefärbt. Die Blüten werden meist in den oberen Areolen der Stämme angelegt. Sie haben eine ziemlich kurze Röhre und die tiefgelb bis orangerot gefärbten Blütenblätter bilden zusammen einen weiten Trichter von 7,5 bis 10 cm Durchmesser. In Abständen erscheinen sie zwischen Spätfrühling und Sommer. Die Früchte sind klein, kugelig und sehr stachelig.

Kultur *Corryocactus*-Arten sind ausgesprochen leicht zu kultivieren; obgleich sie aus ausgesprochenen Trockengebieten kommen, gedeihen sie gut auf humusreichem Boden, solange er gut wasserdurchlässig ist. Als Jungpflanzen sollten sie unter teilweise schattiertem Glas, mit viel Raum zur Wurzelentwicklung gehalten werden, wobei relativ viel Bewässerung während warmen Wetters zwischen Frühling und Herbst nötig ist. Wie viele Säulenkakteen wachsen sie am besten ausgepflanzt bei freier Wurzelentfaltung, wobei sie ihre Wurzeln wie die Speichen eines Rades ausbreiten. Während einer Wachstumsperiode können wenigstens 15 cm Zuwachs erwartet werden; erheblich mehr jedoch im tropischen Klima. Im Winter halten sie leicht 5° C aus, vorausgesetzt sie stehen trocken; ist auch die Luft trocken genug, so kann die Temperatur erheblich niedriger sein, wie in den großen Höhen, aus denen die Pflanzen kommen.

In unserer Samlung finden sich Arten dieser Gattung ausgepflanzt zusammen mit vielen anderen südamerikanischen säulenförmig wachsenden Cereen, etwa aus den Gattungen *Borzicactus, Cleistocactus, Haageocereus, Oreocereus* und *Espostoa.* Bei dieser Kulturmethode blühen die meisten Arten regelmäßiger und häufiger über längere Zeit. Mit anderen Worten, bei einem gut entwickeltem Wurzelsystem kommen fast alle Knospen zur vollen Entwicklung.

Conophytum flavum

$1^1/_2$ x nat. Gr.

Familie: *Ficoidaceae*

Vorkommen *Conophytum*-Arten sind über weite Gebiete der Kap-Provinz in Süd-Afrika und nördlich des Oranje im südlichen Südwest-Afrika verbreitet.

Beschreibung Die Gattung ist sehr variabel und die meisten Arten sind zwergig im Wuchs; sie bilden meist stammlose, dichte, seltener lockere Polster oder Klumpen. Die kleinen fleischigen Körperchen, die in Wirklichkeit zwei sukkulente, bis auf einen winzigen Spalt verwachsene Blätter eines Triebes darstellen, können verschiedene Formen haben: von fast kugelig oder verkehrt-kegelförmig (wie bei unserer Abbildung) bis eiförmig, fast herzförmig oder deutlich zweilappig oder besser zweihöckerig; bei manchen Arten können die Körperchen weniger als 0,3 cm dick sein, andere, vor allem die zweihöckerigen Arten werden 1,5 bis 3 cm groß. Ihre Oberfläche ist gewöhnlich in verschiedenen Grüntönen gefärbt, entweder einfarbig oder dunkler punktiert, meist glatt; bei den zweihöckerigen Körperchen sind die Höcker meist rot berandet. Die Blüten brechen aus dem kleinen Spalt in der Mitte bzw. am Scheitel der Körperchen hervor; sie sind weiß oder cremefarben bis gelb und orange oder rosa bis purpurn.

Kultur Die meisten Arten bevorzugen eine sandige Humusmischung. Da die Pflanzen eine strenge Trockenruhe haben müssen, sollte mit dem Gießen nach folgendem Schema verfahren werden: Trocken von Ende November bis März, Besprühen oder ganz wenig gießen von April bis in den Hochsommer, danach, während der Vegetationszeit im Herbst normales Gießen. Während der Ruheperiode schrumpfen die Körperchen stark ein, so daß die Pflanzen wie abgestorben aussehen.

Coryphantha vivipara var. **arizonica** 1½ x nat. Gr.

Familie: *Cactaceae*

Vorkommen *Coryphantha*-Arten sind weit verbreitet in Nordamerika, wo sie vom weit im Norden liegenden Alberta in Kanada bis in die südwestlichen Staaten der USA und Mexiko vorkommen.

Beschreibung *Coryphantha*-Arten haben meist kugelige Einzelstämme oder sie sind reichlich sprossend. Die Pflanzenkörper sind meist stark höckerig, jeder Höcker trägt eine kreis- oder eiförmige Areole mit 1 bis 10 Stacheln. Bei manchen Arten sind 1 oder 2 Stacheln stärker ausgebildet mit einer hakenförmigen, umgebogenen Spitze; sie sind selten über 2,5 cm lang und sehr verschieden gefärbt. Die etwas trichterförmigen Blüten haben etwa 1 bis 5 cm Durchmesser und weisen viele Färbungen außer Blau auf, einer Blütenfarbe, die bei Kakteen überhaupt nicht auftritt. Die äußeren Blütenblätter sind manchmal am Rande bewimpert. Die Früchte sind gewöhnlich eiförmig, manchmal bis 5 cm lang, meist aber kleiner, ziemlich fleischig, grün oder im reifen Zustand rot.

Kultur *Coryphantha*-Arten lassen sich auf einer Bodenmischung aus gleichen Teilen Sand und Humus einfach kultivieren. Die zarteren Arten brauchen viel Wasser während der wärmeren Monate und sollten unter leicht schattiertem Glas gezogen werden. Die Arten mit festeren Körpern, bei denen die Stacheln viel steifer sind, wie etwa *C. recurvata* oder *C. robustispina,* brauchen sandigeren Kompost und vertragen volles Sonnenlicht. Im Winter sollten sie trocken gehalten werden, bei Temperaturen bis zu 5° C.

Cotyledon orbiculata

1½ x nat. Gr.

Familie: *Crassulaceae*

Vorkommen Die Gattung kommt hauptsächlich in Süd- und Südwestafrika vor, nur wenige Arten findet man auch außerhalb dieses Gebietes in Ostafrika nördlich bis Äthiopien und Südarabien. Sie wachsen an ganz unterschiedlichen Standorten, in sehr trockenen Halbwüsten-Gebieten und niedrigen Gebirgen.

Beschreibung *Cotyledon*-Arten sind meist strauchige, locker verzweigte Pflanzen; einige sind sehr klein, wie etwa *C. buchholziana,* die kaum über 7,5 cm hoch wird, dagegen wird *C. wickensii* gelegentlich über 2 m hoch. Sie können in zwei Grundgruppen eingeteilt werden: Die stammsukkulenten Arten mit fleischigen, gedrungenen oder knotigen Stämmen; diese tragen nur während der Vegetationsperiode grüne Blätter, sind aber während der trockenen Ruhezeit blattlos. Demgegenüber haben die Arten mit dünnen, nicht fleischigen Stämmen über zwei oder drei Jahre ausdauernde, festfleischige Blätter. Bei der ersten Gruppe haben die meist dicken, geschwollenen Stämme eine glatte oder warzige bis höckerige Oberfläche; diese Warzen oder Höcker werden durch die beim Abfall der Blätter stehenbleibenden Blattbasen gebildet; z. B. bei *C. cacalioides* und *C. wallichii.* Die Arten mit glatten Stämmen haben oft eine papierartige Rinde, die sich von Zeit zu Zeit, wenn die Stämme dicker werden, abschält. Die hier vorkommenden hellgrünen, weichen Blätter sind flach oder zylindrisch, nach vorne zugespitzt und können 7,5 cm lang werden. Bei der anderen Gruppe werden die schlanken Stämme etwa 0,5 bis 1 cm dick und sind braun oder grün gefärbt; sie tragen die Blätter entweder locker oder in oberwärts etwas gedrängter Stellung. Die einfarbig grünen oder am Rande und besonders an der Spitze oft rot berandeten Blätter sind entweder kahl und oft kreidig bereift oder samtig behaart. In ihrer Form sind sie ebenso veränderlich, wie bei der anderen Gruppe. Sogar innerhalb einer einzigen Art, wie z. B. bei *C. orbiculata,* können recht große Unterschiede auftreten. Die Blüten sind bei beiden Gruppen recht ähnlich gebaut. Sie stehen in endständigen, rispig verzweigten Blütenständen von 7,5 bis 50 cm Länge. Die Blüten sind mit wenigen Ausnahmen hängend, 1 bis 5 cm lang, am Grunde deutlich röhrenförmig, mit fünf freien Zipfeln. Die Blüten der ersten Gruppe sind meist ziemlich unscheinbar und grünlich-weiß bis gelb und grünlich-braun oder auch rosa gefärbt. Bei der zweiten kommen verschiedene Gelb-, Orange- und Rottöne vor, wobei manchmal die Außenseite der Kronröhre ähnlich gefärbt ist wie die Blätter derselben Pflanze.

Kultur *Cotyledon*-Arten sind leicht auf jedem durchschnittlichen Boden zu ziehen, vorausgesetzt, er verfestigt sich nicht und wird dadurch undurchlässig. Die meisten Arten wachsen am besten unter leicht schattiertem Glas und brauchen während der Wachstumsperiode viel Wasser. Hier unterscheiden sich jedoch die beiden Gruppen. Die zweite Gruppe wächst in der nördlichen Hemisphäre zwischen Frühling und Herbst, während die erste bei uns im Herbst Blätter treibt, entsprechend dem Frühjahr in Südafrika. Dies bedeutet, daß Temperaturen von über 8° C besser sind, wenn die Pflanzen von Zeit zu Zeit gegossen werden müssen. Die anderen *Cotyledon*-Arten können bei etwa gleicher Temperatur gehalten werden; um übermäßigen Blattfall zu verhindern, sollte man sie im Herbst gelegentlich gießen. Während des Sommers muß den blattwerfenden Arten in unseren Breiten etwas Wasser gegeben werden, da die Pflanzen sonst zu sehr schrumpfen.

Crassula nealeana

2 x nat. Gr.

Familie: *Crassulaceae*

Vorkommen Die Gattung ist sehr groß; fast alle sukkulenten Arten stammen aus Südafrika und nur ein kleiner Teil ist im tropischen Afrika beheimatet, eine Art auch im südlichen Arabien. Einige nicht sukkulente und wasserbewohnende Arten sind auch in anderen Teilen der Welt zu Hause. Sie gedeihen an den unterschiedlichsten Standorten, von trockenen Karru- und Halbwüsten-Gebieten bis in ziemlich feuchte Gebirgsregionen.

Beschreibung *Crassula*-Arten sind gewöhnlich kleine, lockere Büsche oder Stauden mit aufrechten, gelegentlich hängenden Zweigen. Manche sind kleine, gedrungene Sukkulenten mit außergewöhnlich dickfleischigen Blättern, z. B. *C. cornuta* und ihre Verwandten. Andere sind von mehr strauchigem oder sogar bäumchenartigem Wuchs, z. B. *C. argentea* und *C. arborescens*. Sie haben jedoch alle fleischige, mehr oder weniger sukkulente Blätter, die paarweise gegenständig angeordnet sind und manchmal dichte Rosetten bilden. Die weißen, gelblichen oder rötlichen Blüten sind recht klein und meist in dichten, knäueligen Infloreszenzen vereinigt. Die Blütenstände gleichen manchmal dem auf der Abbildung, können aber auch viel größer und sehr reichblütig sein. Manche Arten haben außerordentlich wohlriechende Blüten. Bei sorgfältiger Wahl der Arten ist es möglich, das ganze Jahr über eine blühende Gruppe dieser Pflanzen zu haben.

Kultur Im allgemeinen ist die Mehrzahl der Arten sehr leicht zu kultivieren, es ist jedoch gut, zumindest ungefähr über ihr Herkunftsgebiet Bescheid zu wissen. Beispielsweise benötigen Arten wie *C. cornuta* und ähnliche Typen aus den fast wüstenartigen Gebieten der sogenannten »Sukkulenten-Karru« einen etwas sandigeren Kompost und weniger Wasser als die übrigen. Wogegen die abgebildete Art und die bäumchenförmigen, oben erwähnten Arten humusreicheren Boden und mehr Wasser in der Zeit zwischen Frühjahr und Herbst benötigen. Alle Arten, mit Ausnahme derjenigen aus dem tropischen Afrika, können bei Trockenheit im Winter bei 5° C gut bestehen; Trockenhaltung ist vor allem bei den kleinen Arten mit sehr fleischigen Blättern und dichten Rosetten wesentlich. Manchen anderen, wie etwa *C. nealeana* und den zwergstrauchigen Formen bekommt etwas Wasser während des Winters sogar sehr gut. Dies trifft besonders dann zu, wenn sie bei höheren Mindesttemperaturen gezogen oder als Zimmerpflanzen, wofür sie sich gut eignen, gehalten werden; es wird dadurch übermäßiger Blattfall vermieden. Tritt jedoch Blattfall ein, so bringt dies die Pflanze nicht zum Absterben; es schadet jedoch ihrem Aussehen, wenn sie die Hälfte ihrer Blätter verliert und zu kahl wird. Bei einigen Arten ist dies in älteren Stadien ein ganz natürlicher Vorgang. Die meisten *Crassula*-Arten lassen sich aber glücklicherweise leicht durch Stecklinge vermehren. Bei strauchigen Arten ist es wichtig, an den Stecklingen wenigstens ein 2,5 cm langes Stück des Zweiges zu belassen, das, nachdem der Steckling ca. eine Woche zur Kallusbildung Zeit hatte, in die Erdmischung gesteckt werden kann. Alle Arten wachsen gut unter leicht schattiertem Glas; die Arten mit graugrünen oder bunten Blättern ertragen mehr Sonne und bringen dabei noch intensivere Farbtöne hervor.

Es ist wert, sich mit dieser Gattung speziell zu beschäftigen, denn sie weist einen ungewöhnlichen Reichtum an Formen und Farben auf. Viele Arten eignen sich ganz besonders gut als Zimmerpflanzen; sie lassen sich fast immer leicht durch Stecklinge vermehren.

Denmoza erythrocephala

$^1/_2$ nat. Gr.

Familie: *Cactaceae*

Vorkommen *Denmoza*-Arten sind in Argentinien, in der Gegend von Mendoza und Tucuman zu Hause; sie kommen dort in Trockenbusch-Gebieten vor.
Beschreibung Die Pflanzen sind unverzweigt; in den ersten 10 bis 20 Jahren sind die Stämme kugelig, später werden sie zylindrisch, bis zu 1,5 m hoch und 30 cm dick. Der Körper weist bis zu 30, ziemlich gerade, abgerundete Rippen auf, auf denen die Areolen etwa 1 bis 2,5 cm auseinander stehen. Jede Areole hat 30 gerade oder leicht gebogene Stacheln; diese sind braun bis rostrot und selten länger als 2,5 cm. Die röhrenförmigen Blüten, die nahe des Stammscheitels erscheinen, sind ca. 7,5 cm lang und öffnen sich nur so weit, daß Griffel und Staubblätter hervortreten können. Die Früchte sind kugelig, etwas bestachelt oder behaart, rot und ca. 2,5 cm im Durchmesser.
Kultur *Denmoza*-Arten werden gewöhnlich aus Samen gezogen und brauchen viele Jahre, um blühfähige Größe zu erreichen; jedoch wegen ihrer schönen Bestachelung sind sie es wert, kultiviert zu werden. Sie wachsen gut unter leicht schattiertem Glas auf einer Bodenmischung aus etwa gleichen Teilen Sand und Humus. Bei warmem Wetter in der Zeit zwischen Frühling und Herbst brauchen sie viel Wasser; im Winter reichen bei völliger Trockenheit 5° C aus.
Die Blütezeit ist recht unterschiedlich, sie reicht vom Frühsommer bis Frühherbst; es wurden Knospen beobachtet, die bereits im Spätherbst angelegt waren, den Winter über ruhten und sich erst im zeitigen Frühjahr weiter entwickelten.

Dolichothele longimamma nat. Gr.

Familie: *Cactaceae*

Vorkommen Die Gattung ist im südöstlichen Teil von Texas und im nördlichen Mexiko zu Hause; sie wächst dort gewöhnlich auf ziemlich sandigem Boden, zwischen Gras und verschiedenen Trockenbüschen.

Beschreibung *Dolichothele*-Arten sind reichlich sprossende, niedrig wachsende Pflanzen mit sehr fleischigen, häufig fingerartigen Wurzeln. Jeder Trieb ist mit zahlreichen kegelförmigen Höckern besetzt, die an der Spitze die Areole und die Stachelbüschel tragen. Die Stacheln sind ziemlich dünn, biegsam, weiß oder horngelb. Die röhrenförmigen Blüten erscheinen meist in einem Ring, wie bei den meisten *Mammillaria*-Arten, an Stellen zwischen den Höckern. Sie zeigen verschiedene Gelbtöne, haben bis 5 cm Durchmesser und sind sehr wohlriechend.

Kultur Dolichothelen sind leicht zu kultivieren und blühen sehr dankbar. Sie können aus Samen gezogen werden; sie lassen sich aber auch durch Teilung größerer Pflanzen oder durch einzelne Höcker vermehren, wobei sich eine neue Pflanze aus der Areole heraus entwickelt. Sie bevorzugen eine Bodenmischung aus etwa gleichen Teilen Humus und Sand und sollten unter teilweise schattiertem Glas stehen; ihrer großen Wurzeln wegen sind tiefe Töpfe angebracht. Zwischen Frühjahr und Herbst brauchen sie viel Wasser, wobei sie auch gleichzeitig eine höhere Luftfeuchtigkeit als die anderen Kugelkakteen benötigen. Im Winter reichen bei völliger Trockenheit für die meisten Arten 5° C leicht aus. Achtung: Anfälligkeit gegen Rote Spinne!

Dudleya formosa

1½ x nat. Gr.

Familie: *Crassulaceae*

Vorkommen Die Gattung kommt vorwiegend in Mexiko, einschließlich der Halbinsel Niederkalifornien, ebenso auf den naheliegenden Inseln und nach Norden bis Kalifornien, Arizona, Nevada und Oregon vor. Die Pflanzen wachsen in Meereshöhe auf Klippen an der Küste, wenige Arten auch in größeren Höhenlagen, wo bereits leichte Fröste auftreten, an solchen Standorten, wo die Rosetten keine Möglichkeit haben, die Feuchtigkeit längere Zeit festzuhalten.

Beschreibung *Dudleya*-Arten können stammlos oder kurzstämmig sein, desgleichen unverzweigt oder verzweigt und dann Rosetten oder klumpenartige Polster bilden. Die Rosetten bestehen aus zahlreichen, fleischigen, sehr sukkulenten Blättern. Im Gegensatz zu anderen sukkulenten Pflanzen mit gleichem Habitus bleiben hier die alten Blätter immer am Stamm unter der Rosette stehen, dadurch machen die Pflanzen einen etwas »ungepflegten« Eindruck, wie dies auf der Abbildung von *D. formosa* zum Ausdruck kommt. Die Blätter sind entweder fast zylindrisch, in eine Spitze auslaufend (*D. densiflora*) oder abgeflacht wie bei der abgebildeten Pflanze; die Färbung ist grün oder kreidig graugrün. Die Blüten stehen in meist verzweigten, je nach Art 7,5 bis 45 cm lang gestielten Infloreszenzen. Sie sind weiß, gelb oder rosa, glockig und weit geöffnet, wobei ihre 5 Kronblätter manchmal, wie bei der abgebildeten Art, etwas zurückgeschlagen sind. Manche Arten duften schwach. Die Blütezeit der Dudleyen liegt gewöhnlich im Spätfrühling und Sommer.

Kultur *Dudleya*-Arten sind nicht so häufig in Kultur wie die Gattung *Echeveria*, mit der sie verwandt sind. Die Pflanzen haben ähnlichen Habitus und wachsen in vielen Fällen unter ähnlichen Bedingungen, manchmal sogar nebeneinander. Die meisten Arten sind alles andere als schnellwüchsig; sie brauchen einen Boden aus etwa gleichen Teilen Sand und Humus und gleichmäßige Bewässerung von Frühling bis Herbst. Am besten werden sie unter leicht schattiertem Glas gehalten. In den meisten Fällen ertragen sie volle Sonnenbestrahlung, wenn sie nicht zu nahe am Glas stehen, was zu Verbrennungen an den Blättern führen könnte. Bei Trockenheit sind im Winter 5° C für die meisten Arten ausreichend. Im Vergleich zu den *Echeveria*-Arten verlieren sie während des Winters erheblich weniger Blätter. *Dudleya*-Arten eignen sich auch gut als Zimmerpflanzen; man braucht aber einen sonnigen Platz auf einem Fensterbrett, vor allem für die Formen mit kreidigen Blättern.

Einigen Arten, die von Natur aus an kühleren Standorten vorkommen, sind hohe Gewächshaustemperaturen während des Sommers nicht zuträglich. Sie sollten daher während dieser Monate in Töpfen auf dem Boden des Gewächshauses stehen, wo sie nicht der direkten Sonneneinstrahlung ausgesetzt sind. Wenn die Pflanzen während der Sommermonate Blätter verlieren, so ist dies meist ein Zeichen, daß man nicht die richtigen Umweltbedingungen für diese Art schaffen konnte. Obwohl die Pflanzen nicht gerade schnellwüchsig sind, lassen sie sich leicht kultivieren. Sie können leicht aus Samen gezogen und durch Stecklinge vermehrt werden, die aber eine Woche zur Kallusbildung brauchen, ehe man sie einsetzt.

Duvalia modesta

2½ x nat. Gr.

Familie: *Asclepiadaceae*

Vorkommen Die meisten Arten dieser Gattung stammen aus der Kap-Provinz in Südafrika, einige kommen jedoch auch in Südwest-Afrika, Transvaal, Natal, Rhodesien, Mozambique, Kenya und Süd-Arabien vor.

Beschreibung Duvalien sind kleinwüchsige, meist niederliegende Pflanzen. Die meisten haben leicht eiförmige, stark sukkulente, gegliederte Stämmchen von grüner oder grünlich-brauner Farbe. Diese sind durchschnittlich 1 bis 5 cm lang und 1,5 bis 2 cm dick. Ausnahmen sind *D. polita,* eine ebenfalls kriechende Art, die zudem noch aufrechte, schlanke, zylindrische, bis 6,25 cm lange Stämmchen bildet, sowie zwei niederliegende Arten, *D. procumbens* und *D. tanganyikensis,* bei denen die Stämmchen bis 15 cm lang werden. Alle Arten haben 4- bis 6kantige, blattlose Stämmchen. Die Blüten erscheinen im Sommer und Herbst, sie sind fünfzipfelig und haben 1 bis 2,5 cm Durchmesser. Sie sind verschiedenartig rotbraun und purpurn gefärbt, bei ein oder zwei Arten sind sie hell gelblich-weiß. Die Kronblätter (Petalen) sind gewöhnlich leicht zurückgebogen. Eine der Ausnahmen bildet diesbezüglich *D. procumbens.*

Kultur *Duvalia*-Arten wachsen sehr gut auf einer Mischung von etwa gleichen Teilen Sand und Humus. Sie dürfen von Frühjahr bis Herbst nur mäßig gegossen werden und sollten unter leicht schattiertem Glas stehen. Im Winter können die meisten Arten bei Trockenhaltung bis 5° C gehalten werden. Arten aus dem tropischen Afrika brauchen allerdings Temperaturen über 10° C und gelegentlich etwas Wasser.

Echinocactus horizonthalonius

$1^{1}/_{2}$ x nat. Gr.

Familie: *Cactaceae*

Vorkommen Echinokakteen haben kugelige oder zylindrische Stämme, die entweder einzeln stehen oder in Gruppen verzweigt sind. Viele Arten, wie *E. visnaga* und *E. grandis* werden sehr groß, bis etwa 2 m hoch und erreichen bis 1 m Durchmesser – jedoch sind solche Pflanzen um die hundert oder mehr Jahre alt. Echinokakteen haben sehr ausgeprägte Rippen, ihre dicke Epidermis ermöglicht es ihnen, im vollen Sonnenlicht in der Wüste zu leben. Die auf den Rippen stehenden, großen Areolen sind im allgemeinen gegen den Scheitel zu auf den jungen Rippen sehr wollig. Die Stacheln sind meist gerade oder leicht gebogen, sehr dick, und erreichen bei manchen Arten eine Länge von 5 cm oder mehr. Sie liegen entweder dem Pflanzenkörper an oder stehen senkrecht davon ab. Sie sind von unterschiedlicher Farbe. Die Blüten erreichen selten mehr als etwa 6 cm im Durchmesser, meist sind sie gelb, manchmal rosa bis rötlich. Die Früchte sind schuppig und wollig, oft leuchtend gefärbt.

Kultur Die meisten Arten lassen sich leicht kultivieren. Die abgebildete braucht sandigeren Boden als die übrigen, die in einer Mischung von gleichen Teilen grobem, großkörnigem Sand und Humus gut gedeihen. Sie brauchen mittelmäßige Bewässerung von Frühling bis Herbst, jedoch kein Wasser während des Winters, wenn sie bei einer Minimaltemperatur von 5° C gehalten werden. Jungpflanzen werden am besten unter schattiertem Glas gezogen.

Echeveria pulvinata

2 x nat. Gr.

Familie: *Crassulaceae*

Vorkommen Die Gattung hat ihre Hauptverbreitung in Mexiko und einigen Gebieten im Süden Mittelamerikas; ein paar Arten kommen in verschiedenen Teilen Südamerikas, ein oder zwei Arten sogar in den USA vor. Sie wachsen von Seehöhe bis in die Gebirge, dort ertragen einige von ihnen sogar leichten Frost.

Beschreibung *Echeveria*-Arten können entweder stammlos sein, mit einzelnen oder in Klumpen gedrängten Rosetten oder sie sind niedrige, recht locker verzweigte, buschige Pflanzen. Die fleischigen Blätter stehen gedrängt in spiraligen, kurzzylindrischen oder abgeflachten Rosetten. Die Blätter sind kahl oder samtig behaart, wie bei der abgebildeten Art, 2,5 bis 30 cm lang, grün bis blaugrün, manchmal rosa oder purpur-rötlich überlaufen, z. B. bei *E. gibbiflora* var. *metallica.* Letztere Farben kommen bei denjenigen Arten vor, deren Blätter einen wachsig-pudrigen Anflug haben, und dies ist die Mehrzahl. Die Blätter sind niemals gefleckt, aber einige sind am Rand oder an der Spitze lebhaft gefärbt. Die Blüten sind in verlängerten, manchmal verzweigten Blütenständen vereinigt. Sie sind etwas glockig und 1 bis 2,5 cm lang; der Kelch ist oft, wie die Blätter, samtig behaart oder pudrig überlaufen. Die Krone ist gelb, rosa, rot oder gelegentlich weiß und manchmal ebenfalls samtig behaart oder leicht überpudert.

Kultur *Echeveria*-Arten wachsen meist auf jedem durchschnittlichen Boden; wobei ihnen eine Mischung aus gleichen Teilen Sand und Humus besonders gut bekommt. Die stammlosen Arten, wie z. B. *E. agavoides,* die langsamer wächst und eine sehr dichte Rosette hat, sollten etwas sorgfältiger bewässert werden. Eine Lage Kies oder grober Sand um den Wurzelhals zum besseren Wasserabzug ist zu empfehlen. Die buschigen Arten brauchen im Frühjahr und Frühsommer mehr Wasser; damit sie aber die Farbenpracht ihrer Blätter zur vollen Entfaltung bringen können, sollte danach bis zum Herbst weniger gegossen werden. Sie können unter leicht schattiertem Glas oder in voller Sonne gezogen werden, vorausgesetzt, sie stehen ein Stück vom Glas entfernt, da sonst Verbrennungen auf den Blättern auftreten können. Bei Trockenheit kann den meisten Arten im Winter eine Temperatur von 5° C nicht schaden. Jedoch werden während der Trockenzeit dann weitere Blätter abgeworfen; wenn man dies nicht wünscht, sollte man die Temperatur bei 8° C halten, so daß man die Pflanzen gelegentlich gießen kann. Die Rosetten bestehen je nach Art aus einer bestimmten Höchstzahl von Blättern, wobei die während eines Jahres abgeworfenen unteren durch am Scheitel neu gebildete ersetzt werden.

Echeverien können durch Stecklinge und sogar durch einzelne Blätter leicht vermehrt werden, ebenso auch durch Samen. Die größeren Arten werden unten unansehnlich kahl, aber es ist eine Kleinigkeit, die Rosette mit einem 2,5 bis 5 cm langen Stammstück abzuschneiden, eine Woche zu trocknen und wieder auszupflanzen; sie bewurzelt sich sehr schnell. Einige Arten kommen aus größeren Höhen, wie die *Dudleya*-Arten; sie sollten mit ihren Töpfen im Gewächshaus auf den Boden gestellt werden, da es dort im Hochsommer etwas kühler ist.

Echinocereus fendleri var. **rectispinus** — Igelkaktus $1^1/_4$ x nat. Gr.

Familie: *Cactaceae*

Vorkommen Arten dieser Gattung kommen vor allem in den südwestlichen Staaten der USA vor, ebenso im benachbarten Mexiko. Jedoch findet man einzelne Arten auch außerhalb dieses Gebietes, in Wyoming, Süd-Dakota und Oklahoma, einige andere Arten kommen auch noch südlich von Mexiko vor. Sie wachsen an sehr unterschiedlichen Standorten, von Meereshöhe bis 3050 m, im sandigen Boden der Wüsten oder in höheren Lagen entweder zwischen Gras oder unter Bäumen.

Beschreibung Echinocereen sind gewöhnlich von niedrigem Wuchs. Einige Arten haben einzelne, unverzweigte Stämme, aber meist sind sie leicht verzweigt, so daß bei manchen Arten alte Exemplare mit einigen hundert Köpfen auftreten können. Die Stämme sind aufrecht oder ausgebreitet, 5- bis 12rippig. Die Triebe sind bei dieser Gattung meist ziemlich weich. Die aus 3 bis 30 Stacheln bestehenden Stachelpolster werden leicht abgebrochen, wenn man die Pflanzen unvorsichtig behandelt.

Bei einigen Arten sind die Stacheln sehr kurz, während sie bei anderen bis 10 cm lang werden. In einigen Fällen sind die Stacheln im Querschnitt beinahe dreieckig. Die Blüten erscheinen nicht, wie bei den meisten Kakteen, aus den Areolen, sondern brechen in deren Nähe aus den Stämmen hervor. Sie sind entweder trichterförmig oder bei den großblütigen Arten weit glockig, mit einem Durchmesser von 2 bis 15 cm; ihre Färbung reicht von leicht zitronengelb-grün bis kräftig gelb, orange, rot und ziegelrot. Die Außenseite der Blütenröhre trägt häufig einige Areolen mit feinen Stacheln und einigen Haaren. Dementsprechend ist auch die kugelige Frucht mit Stachelbüscheln bedeckt. Viele Arten haben Früchte, die im reifen Zustand nach Erdbeeren riechen, daher werden sie auch englisch »Strawberry Hedgehog« (Erdbeer-Igel) genannt.

Kultur Echinocereen wachsen meist leicht; mit Ausnahme weniger Arten sind sie sehr blühfreudig. Sie zeichnen sich vor den meisten anderen Kakteen-Gattungen durch Haltbarkeit der Blüten – bei entsprechend gutem Wetter – bis zu zehn Tagen – aus. Alle Arten bevorzugen Blattkompost mit Sand gemischt, das Mischungsverhältnis richtet sich nach der Wachstumsgeschwindigkeit der jeweiligen Art. Als Faustregel gilt: Die dichtwüchsigen Arten, vor allem diejenigen, deren Stacheln flach am Körper anliegen, brauchen Boden mit besserer Wasserdurchlässigkeit, mit anderen Worten, eine sandige Blattkompost-Mischung. Die schneller wachsenden, flach ausgebreiteten Arten brauchen mehr Humus und entsprechend mehr Wasser. Einige Arten können als winterhart bezeichnet werden, sogar bei –18° C; die Mehrzahl verträgt bei Trockenheit Temperaturen nahe um den Gefrierpunkt. Die kühle Ruhezeit ist sehr wichtig für einen reichen Blütenansatz im Frühjahr.

Echinofossulocactus pentacanthus

2 x nat. Gr.

Familie: *Cactaceae*

Vorkommen Die Pflanzen kommen vor allem in den östlichen Teilen Mexikos, besonders in den Gebieten von Hidalgo und Zacatecas vor; sie wachsen immer im Halbschatten unter Büschen oder in manchen Fällen fast unsichtbar im Gras versteckt.
Beschreibung Die Pflanzen sind sehr kleinwüchsig, kugelig oder kurz zylindrisch, einzeln oder bei älteren Exemplaren Gruppen bildend; mit Ausnahme einer Art, *E. coptonogonus,* haben sie zahlreiche, gewellte Rippen, deren Anzahl sehr veränderlich ist; so hat die abgebildete Art. ca. 30, *E. multicostatus* bis zu 120 Rippen. Die stacheltragenden Areolen stehen auf den Rippen ziemlich weit auseinander. Ihre radialen Stacheln sind zart, die wenigen zentralen sind meist abgeflacht und liegen der Pflanze an. Die Blüten, welche selten mehr als 2,5 cm Durchmesser erreichen, sind weiß oder gelb bis rosa, häufig mit einem dunkleren Mittelstreifen auf jedem Blütenblatt. Die Früchte sind sehr klein und außen mit papierartigen Schuppen bedeckt.
Kultur Alle Arten sind leicht zu kultivieren, obwohl sie nicht schnellwüchsig sind. Sie gedeihen gut in einer Mischung von etwa gleichen Teilen Sand und Humus und brauchen ausreichend Wasser von Frühling bis Herbst, wobei sie unter leicht schattiertem Glas gehalten werden sollten. Die wenigen stacheligen Arten brauchen etwas mehr Schatten während der heißesten Zeit. Im Winter genügt ihnen, wenn sie trocken stehen, eine Minimaltemperatur von 8° C.
Viele Arten dieser Gattung sind fälschlich unter *Stenocactus* beschrieben worden.

Epiphyllum ›Peacockii‹ — Blattkaktus $^{1}/_{2}$ nat. Gr.

Familie *Cactaceae*

Vorkommen Epiphyllen sind, wie schon der Name sagt, epiphytische Kakteen, die in den Astgabeln von Urwaldbäumen auf verrottetem Laub wachsen. Sie sind weit verbreitet in mittelamerikanischen Tropenwäldern von Süd-Mexiko bis Panama; man findet sie südwärts bis nach Brasilien; sie kommen auch auf einigen Westindischen Inseln, z. B. auf Trinidad und Tobago, vor.

Beschreibung Die *Epiphyllum*-Arten ähneln habituell *Chiapasia nelsonii* (S. 51), jedoch werden die flachen grünen Sprosse in der Regel meist ziemlich groß und die alten, unteren Teile der Pflanzen verholzen stark. Die reinen, natürlich vorkommenden Arten haben im Gegensatz zu der abgebildeten Hybride große, weiße Blüten mit schlanken Röhren und öffnen sich nachts. Manche Arten haben sehr auffallende Triebe, die beinahe einem Skelett ähneln, da sie tief eingekerbt sind. *E. oxypetalum* hat 25 cm lange Blüten.

Kultur Die Pflanzen brauchen, wie *Chiapasia nelsonii*, nährstoffreichen Humusboden und etwa die gleiche Behandlung; einige Arten sind jedoch im Winter am besten bei 10° C zu kultivieren.

Eine Liste der Hybriden ist hier nicht aufgeführt, da alle von ihnen für die Kultur geeignet sind. Viele leuchtende Farben sind durch Kreuzungen von *E. ackermannii* und *E. crenatum* mit *Nopalxochia phyllanthoides, Heliocereus speciosus* sowie verschiedenen *Selenicerus*- und *Hylocereus*-Arten usw. entstanden.

Echinopsis kermesina

1½ x nat. Gr.

Familie: *Cactaceae*

Vorkommen Arten dieser Gattung sind in Südamerika weit verbreitet, besonders in Argentinien, Uruguay, Paraguay und Südbrasilien. Sie kommen aber auch in den höheren Gebirgsregionen von Bolivien bis zu 2300 m Höhe vor. Manche Arten wachsen in Sandgebieten in niederen Lagen. Viele andere gedeihen in einigen der genannten Länder zwischen Felsen in den Gebirgen in einer anderen Vegetation.

Beschreibung Die Gattung *Echinopsis* wird von ZUCCARINI 1837 beschrieben. Einige Arten oder Hybriden sind schon sehr lange in Kultur, vor allem diejenigen mit großen, trompetenförmigen Blüten. Die meisten Arten haben Kugelstämme, einige werden jedoch im Alter kurz-zylindrisch; nur wenige Arten haben einzelne Stämme, die übrigen sind verzweigt und bilden Gruppen. Jeder Kugeltrieb hat hervortretende Rippen, die gewöhnlich gerade und häufig an den Ansatzstellen der Areolen buckelig erhöht sind, so daß sie fast höckerig erscheinen. Einzelne Köpfe können bei einigen Arten gelegentlich bis 30 cm Dicke und 1 m Höhe erreichen, meist jedoch sind sie nur halb- oder eindrittel so groß. Die Bestachelung ist sowohl in Anzahl als auch in Größe sehr unterschiedlich; meist stehen die Stacheln ziemlich gerade von der Pflanze ab. Die großen, trompetenförmigen, weißen oder rosa Blüten bleiben meist 24 Stunden offen und duften stark. Bei Arten wie der abgebildeten mit lebhaft gefärbten Blüten, öffnen sie sich tagsüber zweimal hintereinander. Die größten Blüten können bis 25 cm lang werden und die Hälfte oder ein Drittel davon im Durchmesser erreichen. Die Blütenknospen sind gewöhnlich stark behaart; die Außenseite der Blütenröhre trägt einige dünne Stacheln und ist dicht behaart, ebenso die kugeligen Früchte. Die Blütezeit liegt im Sommer.

Kultur Fast alle Arten lassen sich leicht kultivieren. Viele wachsen und blühen unter leicht schattiertem Glas besser, vor allem die wenig bestachelten Arten. Für Arten aus höheren Lagen sind Temperaturen über 38° C nicht zuträglich, sie sollten daher in entsprechend großen Töpfen auf dem Boden des Gewächshauses stehen. Die Pflanzen brauchen von Frühjahr bis Herbst viel Wasser und wachsen auf humushaltigem Boden besonders gut. Sie sind aber, was den Boden betrifft, sehr tolerant und gedeihen nahezu überall recht gut. Die meisten Arten sind bei Trockenheit auch noch nahe dem Gefrierpunkt ungefährdet. Wir kultivieren mit Erfolg verschiedene Hybriden von *E. multiplex* und *E. eyriesii* in unserem ungeheizten Gewächshaus seit etwa zwanzig Jahren.

E. kermesina taucht auch unter einem anderen Gattungsnamen als *Pseudolobivia kermesina* auf, doch wir sind der Auffassung, daß die Arten von *Pseudolobivia* zur Gattung *Echinopsis gehören,* genauso wie heute *Mediolobivia*-Arten zur Gattung *Rebutia* gestellt werden. Zahlreiche Hybriden zwischen *Echinopsis* und *Lobivia* – viele davon mit leuchtend gefärbten Blüten – sind in Kultur und sollten ähnlich behandelt werden.

Encephalocarpus strobiliformis

3 x nat. Gr.

Familie: *Cactaceae*

Vorkommen Die einzige Art dieser Gattung kommt in Tamaulipas in Mexiko vor und wächst dort auf Kieshügeln; wenn sie nicht gerade blüht, ist sie mit bloßem Auge unsichtbar.

Beschreibung Der Name *Encephalocarpus* wurde von Berger 1928 eingeführt, um eine Art zu beschreiben, die bereits als *Ariocarpus strobiliformis* existierte. Es handelt sich um eine kugelige oder eiförmige Pflanze – die meisten *Ariocarpus*-Arten dagegen sind oben abgeflacht (Siehe *A. kotschoubeyanus,* S. 32); sie unterscheidet sich von dieser Gattung durch folgende Merkmale: *Encephalocarpus* bildet Köpfe, die mit einer großen Anzahl schuppenartiger Höcker besetzt sind, jeder Höcker ist außen gekielt; die ganze Pflanze ähnelt dadurch den Zapfen der Nadelbäume. Der Gattungsname ist abgeleitet von den ähnlich aussehenden Zapfen (männlicher oder weiblicher Blütenstand) von *Encephalartos,* einer Cycadeen-Gattung; der Artname *strobiliformis* leitet sich von dem lateinischen Wort für Zapfen »*strobilium*« ab. Jeder Körper wird durchschnittlich etwa 4 bis 6 cm lang und dick. Die Achseln am Grunde jedes schuppenartigen Höckers sind weiß-wollig, wodurch die obere Hälfte der Pflanze ein ziemlich wollhaariges Aussehen bekommt. Die Blüten, die zwischen den weißen Wollhaaren am Scheitel der Körper erscheinen, sind trichterförmig und erreichen bis etwa 4 cm Durchmesser, meist aber erheblich weniger. Die Blütenblätter sind in verschiedenen violett-rosa Tönen gefärbt, die äußeren sind am Rande gefranst. Einen kräftigen Kontrast zur Farbe der Blütenblätter bilden die leuchtend gelben Staubbeutel. Die Früchte sind klein, trocken und zwischen den schuppenartigen Höckern kaum wahrnehmbar.

Kultur Die Pflanze muß ähnlich wie *Ariocarpus* kultiviert werden. Sie ist jedoch leichter aus Samen zu ziehen; eine blühfähige Pflanze erhält man im Gewächshaus bei gemäßigter Temperatur innerhalb von 6 bis 8 Jahren. Pflanzen dieser Art sind in Kultur meist einköpfig, im Alter sprossen sie jedoch etwas und bilden so aus wenigen Köpfen bestehende Gruppen.

Bei etwa einjährigen Sämlingen sind winzige, bald verschwindende Stacheln feststellbar. Man findet sie auch auf neu gebildeten Seitenköpfen.

Erythrorhipsalis pilocarpus 3 x nat. Gr.
Familie: *Cactaceae*

Vorkommen Wiederum eine epiphytische Kakteenart, deren Heimat die Urwälder im östlichen Teil Brasiliens, in den Staaten Sao Paulo und Rio de Janeiro sind.
Beschreibung Eine hängende Art, die einzige der Gattung; von *Rhipsalis* wurde sie abgetrennt, da ihre Blüten deutlich röhrig sind und der Griffel einige Tage vor Öffnung der Blüte bereits herausragt. Die zylindrischen Sprosse sind ziemlich schlank. Sie verzweigen sich dort, wo im Vorjahr die Blüten saßen, in zwei oder drei neue Triebe. Die Areolen sind unregelmäßig auf den Stämmen verteilt; sie sind mit weißen, borstigen Stacheln besetzt. Die endständigen, bis 2,5 cm Durchmesser erreichenden Blüten sind weiß und am Grunde jedes Blütenblattes rosa getönt. Sie erscheinen um die Weihnachtszeit in großen Mengen und bleiben Tag und Nacht geöffnet. Die Früchte sind klein, rot, mit Borsten besetzt und erscheinen entsprechend später.
Kultur Eine andere leicht kultivierbare epiphytische Art, die ähnlich wie *Chiapasia nelsonii* behandelt werden sollte. Jedoch reichen im Winter, trotzdem dies die Blütezeit ist, 5° C aus. Eine etwas höhere Mindesttemperatur ist jedoch vorzuziehen, um entsprechend bewässern zu können, so daß sich mit Sicherheit auch alle Blütenknospen entwickeln. Während des Winters können diese Pflanzen im Gewächshaus und im Wintergarten im vollen Licht stehen.
Viele Arten der Gattung *Rhipsalis* können genauso gezogen werden wie die abgebildete Art, doch blühen sie nicht im Winter.

Escobaria runyonii

3 x nat. Gr.

Familie: *Cactaceae*

Vorkommen Diese Gattung ist in den südwestlichen und westlichen Teilen von Texas, im südlichen Neu-Mexiko und in den zentralen und nördlichen Gebieten Mexikos beheimatet. Sie wächst auf sandigem oder steinigem Grund, in Felsspalten, manchmal in voller Sonne. Einige Arten jedoch, so auch die abgebildete, wachsen zwischen Gras und unter anderen Trockenbüschen.

Beschreibung *Escobaria*-Arten haben recht kleine, kugelige oder zylindrische Triebe, die meist reichlich sprossen und Gruppen oder Polster bilden. Ein oder zwei Arten, wie z. B. *E. sneedii*, können bis zu 500 oder 1000 Köpfe haben. Die Kugelsprosse sind mit zahlreichen Höckern besetzt, die jedoch oft unter Büscheln kurzer Stacheln verborgen sind. Diese sind weiß, grau oder braun und nicht länger als 1 cm. Die radialen Stacheln sind fein, die zentralen etwas kräftiger. Die Blüten haben einen Durchmesser von 2,5 cm, sie sind weiß, bräunlich oder rosa; ihre Blütezeit zieht sich über mehrere Sommerwochen hin. Einige der äußeren Blütenblätter haben gefiederte Ränder. Die Früchte sind schlank und meist rot, wenn sie reif sind.

Kultur Alle Arten dieser Gattung können leicht aus Samen oder Seitensprossen in einer Mischung aus gleichen Teilen Humus und Sand gezogen werden. Jungpflanzen brauchen schattiertes Glas, ältere Exemplare jedoch blühen auch unter leicht schattiertem Glas und in voller Sonne. Bei Trockenhaltung reichen im Winter für die meisten Arten 5° C aus; *E. runyonii* braucht jedoch Wasser und etwas höhere Temperaturen.

Espostoa lanata var. **mocupensis**

1¼ nat. Gr.

Familie: *Cactaceae*

Vorkommen Die Gattung ist in Peru und Süd-Ekuador zu Hause; die Pflanzen wachsen auf trockenen Hügeln und Berghängen in Höhen zwischen 1000 und 2300 m.

Beschreibung *Espostoa*-Arten sind säulenförmige Kakteen, die bis 3,5 m hoch werden und aus dem Hauptstamm seitlich weiter mit aufrechten Ästen verzweigt sind. Die Stämme sind so dicht mit Haaren und Wolle bedeckt, daß die geraden, abgerundeten Rippen oft nicht mehr sichtbar sind. (Die Abbildung zeigt nur die Spitze, ein etwa 20 cm langes Stück eines 1 m hohen Exemplares.) Die Stammdicke beträgt auch bei alten Pflanzen selten mehr als 10 cm und es können hier 20 bis 30 Rippen auftreten. Die Areolen sind behaart oder wollig und stehen sehr nahe beieinander; sie tragen bis zu zwölf dünne radiale Stacheln von weißer oder horngelber Farbe und etwa 1 bis 2,5 cm Länge. Zentrale Stacheln fehlen häufig, sogar bei zehn Jahre alten Pflanzen, doch wenn vorhanden, sind sie nur 2,5 cm lang und manchmal dunkler gefärbt (siehe Abbildung). Bei alten Exemplaren können sie bis 7,5 cm lang werden. Bei den *Espostoa*-Arten entwickeln sich aus den Areolen auf einer Seite der Stämme echte seitliche Cephalien (Blütenpolster), die aus einer Masse längerer Haare und Wolle bestehen. Aus den gleichen Areolen erscheinen auch die Blüten; sie sind etwas glockig und haben bis zu 5 cm Durchmesser. Die Außenseite der Blütenröhre ist von Schuppen und Haaren bedeckt. Die Blüten sind meist weiß und nachts geöffnet. Die Früchte sind leicht eiförmig, bis 4 cm lang, wie die Blütenröhre schuppig und behaart.

Kultur *Espostoa*-Arten werden gewöhnlich aus Samen gezogen, jedoch können von alten Pflanzen auch Stecklinge gemacht werden, wie bei den meisten Kakteen von ähnlichem Wuchs. Die Sämlinge wachsen nicht allzu langsam, man muß sich jedoch in den ersten fünf Jahren vor Überbewässern hüten, da sie sonst leicht in Bodennähe abfaulen. Sie wachsen am besten auf einem sandigen Blattkompost; man zieht sie die ersten Jahre unter leicht schattiertem Glas und bewässert sie von Frühjahr bis Herbst sehr vorsichtig, außer bei sehr heißem Wetter. Überall dort, wo im Winter relativ hohe Luftfeuchtigkeit herrscht, halten sie bei einer Temperatur von 8° C sicher aus. An ihren natürlichen Standorten ertragen die Pflanzen weit niedrigere Temperaturen, doch ist dort die Luftfeuchtigkeit sehr gering und die wollige Behaarung schützt die Pflanzen vor der Kälte. Ältere Pflanzen können mehr Wasser vertragen, doch muß man sich immer versichern, ob der Boden seit dem letzten Gießen schon ausgetrocknet ist.

Espostoen werden von den meisten Kakteenliebhabern vor allem wegen der Schönheit der Pflanzen kultiviert. Sie und ebenso einige andere Säulenkakteen, die wie die kugeligen Melokakteen, Cephalien bilden, benötigen viele Jahre, ehe sie zum Blühen kommen. Wir haben hier in unserer Sammlung aus Samen gezogene Exemplare, die zwanzig Jahre alt und 1 m hoch sind und noch nicht das blühfähige Alter erreicht haben. Sicherlich wachsen die Espostoen in tropischen Gebieten, wo die Wachstumsperiode länger ist, schneller, aber auch dort brauchen die Pflanzen viele Jahre, um das blühfähige Stadium zu erreichen. Jedoch wird dies durch die Schönheit der dicht wollig bekleideten Pflanzen ausgeglichen.

Eulychnia saint-pieana

$1^1/_2$ x nat. Gr.

Familie: *Cactaceae*

Vorkommen Die Arten dieser Gattung kommen hauptsächlich im nördlichen Chile vor; eine Art, *E. ritteri,* auch im nahegelegenen Peru. Sie wachsen in Küstennähe genauso wie im Binnenland auf trockenen Hängen, zusammen mit anderen Pflanzen einschließlich anderer Kakteen.

Beschreibung *Eulychnia*-Arten wachsen meist aufrecht, manchmal auch etwas sparrig bis ausgebreitet, z. B. *E. castanea* im Alter. Sie besitzen säulenförmige Stämme mit 10 bis 16 deutlich ausgeprägten, abgerundeten Rippen. Die Stämme können in einigen Fällen 4,5 bis 6 m lang und bis 7,5 cm dick werden. Die Areolen sind ziemlich groß und stehen bis 2,5 cm auseinander; bei Jungpflanzen sind sie voller weißer Haare, wie die Abbildung zeigt. Bei zunehmendem Alter verschwinden die Haare meist völlig. Jede Areole hat 10 bis 16 Stacheln; sie sind schräg spreizend, aber meist gibt es zumindest einen zentralen Stachel von 5 bis 15 cm Länge, der von der Pflanze absteht. *E. spinibarbis* ist eine Art mit einem sehr langen Mittelstachel. Die Farbe der Stacheln reicht von schmutzig-weiß bis braun, oft haben sie schwarze Spitzen. Die Blüten sind glockig, nicht sehr weit offen, 5 bis 7,5 cm lang und bis 5 cm im Durchmesser, weiß oder rosa. Das Äußere der Blütenröhre trägt meist eine weiße oder braune seidige Behaarung, wie die in den Areolen jüngerer Pflanzen. Die fleischigen Früchte sind etwa 5 bis 6 cm dick, ähnlich bekleidet wie der untere Teil der Blütenröhre.

Kultur *Eulychnia*-Arten werden meist aus Samen gezogen; sie sind nicht schwierig zu kultivieren, obgleich weit davon entfernt schnellwüchsig zu sein und dies nicht einmal wenn sie ausgepflanzt ihre Wurzeln frei entfalten können. Sie bevorzugen eine etwas sandige Humusmischung und durchschnittliches Gießen von Frühling bis Herbst. Sie sollten bis zu einem Alter von etwa fünf Jahren unter leicht schattiertem Glas stehen, dann können sie auch volles Sonnenlicht ertragen, vorausgesetzt sie stehen nicht zu nahe am Glas. Bei Trockenhaltung sind sie im Winter bis 8° C oder sogar darunter sicher.

Erst im Laufe der letzten Jahre wurde es auch für Amateure möglich, Samen oder Jungpflanzen dieser Gattung zu erhalten. Sie erfreut sich bereits großer Beliebtheit, da alle Kakteen mit dichter, weißer Behaarung oder Wolle sehr begehrt sind. Leider verschwindet bei älteren Pflanzen die Wolle bzw. Behaarung; auch sind nicht alle Arten so dichtwollig wie die abgebildete. Die Pflanze ist etwa 45 cm hoch, nur der obere Teil von ca. 15 cm Länge ist auf der Abbildung zu sehen.

Euphorbia bevilaniensis — Christusdorn

$1^1/_2$ x nat. Gr.

Familie: *Euphorbiaceae*

Vorkommen Sukkulente Formen dieser Gattung kommen in beinahe allen Teilen Afrikas mit den benachbarten Inseln, wie etwa den Kanaren und Madagaskar, sowie in Arabien, Indien und Sri Lanka (Ceylon) vor. Einige wenige andere Arten finden sich auf den Westindischen Inseln, wie auch in Nord-, Mittel- und Südamerika.

Beschreibung Die Gattung *Euphorbia* hat sich an alle möglichen Umweltbedingungen angepaßt und wie in manchen anderen Gattungen finden wir auch hier sukkulente Arten neben nicht sukkulenten. Euphorbien sind, wie andere Gattungen der Familie *Euphorbiaceae,* durch den Besitz von Milchsaft gekennzeichnet; auch der bekannte Gummi- oder Kautschukbaum *(Hevea brasiliensis)* gehört hierher. Die sukkulenten Euphorobien unterscheiden sich in ihren Wuchsformen sehr stark, so gibt es Arten, die weniger als 1 cm groß werden, neben anderen, die bis 9 m Höhe erreichen, z. B. *E. ingens* und *E. neglecta.* Die Sukkulenz drückt sich bei manchen Arten in einem knollig verdickten Wurzelsystem aus, dem Sprosse mit sukkulenten oder nicht sukkulenten Blättern entspringen (zu dieser Gruppe gehören *E. francoisii* und *E. decaryi*). Es gibt eine beträchtliche Anzahl Arten, die baumförmige Proportionen aufweisen, mit kantigen oder gerippten Stämmen (wie man sie bei Cereus-ähnlichen Kakteen findet) und blattlosen oder beblätterten Nebentrieben. Innerhalb dieser Gruppe ist *E. canariensis* blattlos, während Arten wie *E. ingens, E. candelabrum* und *E. neriifolia* an den jungen Trieben Blätter tragen, unter denen paarweise kleine Dornen stehen. Es gibt auch viele strauchige Arten, entweder mit glatten zylindrischen Stämmen, und Zweigen, die am Ende rosettig gedrängte, nicht sukkulente Blätter tragen, wie beispielsweise *E. balsamifera* und *E. obtusifolia,* oder mit dornigen Stämmen und krautigen Blättern, wie die abgebildete Art. Weitere Typen sind die fast kugeligen Arten, zu denen auch die wohlbekannte *E. obesa* gehört. Sie bildet immer nur Einzelkörper, während andere Arten, wie *E. meloformis,* sprossen und mehrköpfig sind. Eine andere Gruppe innerhalb der Gattung *Euphorbia* bilden die Arten, die sich um *E. caput-medusae* scharen. Hier entspringen aus dem mit einer Pfahlwurzel versehenen, dicken, gedrungenen Hauptstamm zahlreiche sukkulente Triebe von unterschiedlicher Dicke und Länge; sie sind unbedornt und meist ausgebreitet niederliegend. Es gibt aber noch viele andere Wuchsformen, zu viele, als daß sie hier alle aufgezählt werden könnten; sie alle haben aber einen ganz bestimmten Blütenbau. Es handelt sich fast immer nicht um die wirkliche Einzelblüte, sondern um sogenannte Cyathien, die manchmal von einem Paar leuchtend gefärbter Hüllblätter (Cyathophylle) umgeben sind. Diese »Blüten« bestehen nur aus solchen Organen, die notwendig sind, um Pollen und Samen zu erzeugen. In manchen Fällen können männliche und weibliche »Blüten« auf der gleichen Pflanze angetroffen werden, oder man findet sie auf verschiedenen Pflanzen (z. B. *E. obesa*).

Kultur Die meisten *Euphorbia*-Arten wachsen am besten in einer Mischung aus etwa gleichen Teilen von Humus und Sand und normaler Bewässerung von Frühjahr bis Herbst unter leicht schattiertem Glas. Die südafrikanischen und andere nicht tropische Arten können trocken bei 8° C überwintern, die übrigen brauchen 10° C oder mehr. Die weniger sukkulenten Arten brauchen gelegentlich etwas Wasser. Alle Arten sind leicht aus Samen zu ziehen. Bei einigen Arten bewurzeln sich Stecklinge nur schwer.

Faucaria tuberculosa — Tigerblatt 1½ x nat. Gr.

Familie: *Ficoidaceae*

Vorkommen *Faucaria*-Arten sind über ein großes Gebiet in der Kap-Provinz in Südafrika verbreitet; sie wachsen von Seehöhe an bis hinauf in die Gebirge, jedoch meist unterhalb der Frostgrenze.

Beschreibung *Faucaria*-Arten sind stark sukkulente Pflanzen, meist sehr kurzstämmig, verzweigt und niedrige Polster oder Klumpen bildend; jeder Trieb oder jede Rosette hat 6 bis 8 Blätter. Die dick-fleischigen Blätter sind nur gelegentlich länger als 2,5 cm, etwas dreieckig, vorne zugespitzt; ihre Oberseite ist flach oder leicht eingesenkt. Oben sind die Blätter am Rand meist mit einer Reihe weicher Zähne besetzt, die je nach Art verschieden lang sind. Die Blattflächen selbst sind glatt, höckerig, meist in verschiedenen Grüntönen oder mit weißen Flecken, die manchmal in schrägen Reihen stehen, wie bei *F. tigrina*. Die Blüten, die im Herbst oder Frühjahr in der Mitte jeder Rosette erscheinen, sind etwa 4 bis 6 cm im Durchmesser; meist sind sie in verschiedenen Gelbtönen gefärbt, aber auch Weiß kommt gelegentlich vor.

Kultur Die Faucarien sind, soweit sie sonnig stehen, ideale Pflanzen für jeden Anfänger; desgleichen eignen sie sich sehr gut für die Sukkulenten-Sammlung auf dem Fensterbrett. Gleiche Teile von Sand und Humus sind die richtige Bodenmischung. Sie müssen von Frühjahr bis Herbst gegossen werden, bei Überbewässerung neigen sie zu übermäßigem Wachstum. Während des Winters vertragen die meisten Arten bei Trokkenhaltung 5° C oder sogar weniger.

Fenestraria rhopalophylla — Fensterblatt 2 x nat. Gr.

Familie: *Ficoidaceae*

Vorkommen Die Fenestrarien kommen in den sehr trockenen Gebieten beiderseits des Oranje im nordwestlichen Teil der Kap-Provinz und in Südwestafrika vor.

Beschreibung Es handelt sich um sehr niedrige, ausgesprochen sukkulente Pflanzen, mit bisweilen kissenartig dicht beieinander stehenden, zylindrischen, etwa 2,5 cm langen Blättern. Diese grünlichen Blätter haben eine abgerundete oder konvexe, gefensterte, manchmal bis 6 mm breite Spitze, die der Gattung zu ihrem Namen verholfen hat. An den natürlichen Standorten sind diese gefensterten Blattspitzen die einzigen Teile der Pflanze, die im Sand zu sehen sind; die Pflanzen können daher sehr intensives Licht und große Hitze ertragen. Die Blüten sind bis 5 cm lang gestielt und haben einen Durchmesser von 5 bis 7 cm. Bei *F. aurantiaca* sind sie goldgelb.

Kultur Fenestrarien brauchen sehr sandigen Kompost, wenigstens zwei Teile grobkörnigen, scharfen Sand zu einem Teil Humus; sie sollten so eingepflanzt werden, daß sich fast die ganzen keulenförmigen Blätter außerhalb des Bodens befinden, denn die Verhältnisse am natürlichen Standort lassen sich in der Kultur nicht nachahmen. Etwa 2,5 cm grober Kies rund um die Pflanzen ist unbedingt erforderlich, um gute Wasserdurchlässigkeit zu garantieren. Sie können unter leicht schattiertem Glas oder in voller Sonne gezogen werden. Im Frühjahr sollen sie nur wenig gegossen oder leicht besprüht werden; während des Sommers und im Herbst brauchen sie dagegen etwas mehr Wasser. Im Winter sollen sie bei 8° C Minimaltemperatur trocken stehen.

Ferocactus fordii

2 x nat. Gr.

Familie: *Cactaceae*

Vorkommen Die *Ferocactus*-Arten sind in den südwestlichen USA, d. h. in Texas, Neu-Mexiko, Arizona, dem südlichen Teil von Kalifornien und im mexikanischen Baja California zu Hause, ebenso kommen sie auf einigen Inseln in der Bucht von Kalifornien und in großen Gebieten von Mittel- und Nordmexiko vor. Sie wachsen gewöhnlich auf sehr wasserdurchlässigem, felsigem und steinigem Untergrund; einige Arten findet man aber auch im dichten Gras und unter verschiedenartigen Dornbüschen. Manchmal wachsen Sämlinge zwischen ein paar großen Steinen; wenn dann die Pflanzen erst eine gewisse Größe erreicht haben und die Steine entfernt werden, so fallen sie um, da an solchen Standorten das stützende Wurzelsystem nur sehr spärlich entwickelt ist.

Beschreibung Die Gattung *Ferocactus* wurde von BRITTON und ROSE aufgestellt, um zahlreiche Arten zu vereinigen, die vorher zur Gattung *Echinocactus* gehörten. Der Name *Ferocactus* bezieht sich auf die unheimliche Bestachelung dieser schönen Pflanzen. Sie bilden kugelige bis zylindrische, einzeln oder in Gruppen stehende Körper, die in einigen Fällen etwa 3 m hoch und 0,5 bis 1 m dick werden. Die Rippenstruktur ist sehr ausgeprägt, jedoch bei jungen Pflanzen noch nicht immer deutlich sichtbar. Manchmal haben die Pflanzen bis zu einem Alter von zehn Jahren ein mehr höckeriges Aussehen, danach verbinden sich die einzelnen Höcker mehr und mehr zu Rippen. Die Zahl der Rippen beträgt je nach Art 8 bis 30, doch wenn die Pflanzen älter und dicker werden, erhöht sich ihre Anzahl entsprechend. Die Areolen sind gewöhnlich ziemlich groß, wobei die radialen und zentralen Stacheln ebenfalls sehr variabel sind. So findet man zwischen 10 und 20 mehr oder weniger horizontal abstehende und häufig gebogene radiale sowie 1 bis 4 zentrale, meist von der Pflanze abstehende Stacheln. Alle Stacheln sind kräftig; die radialen können manchmal bis etwa 8 cm lang werden, die zentralen sind oft an der Spitze stark hakenförmig gebogen; sie sind länger als die radialen, bei *F. rectispinus* fast 15 cm lang. Die Blüten erscheinen ringförmig aus ziemlich jungen Areolen nahe des Scheitels, vielfach in einer ganzen Serie von Ringen. Die Blüten sind glockig, haben 5 bis 7,5 cm Durchmesser und viele verschiedene Farben, einschließlich grünlich-gelb, orange, rot und violett. Die etwas eiförmigen Früchte sind meist bis 5 cm lang und die vertrockneten Blütenreste bleiben lange an ihrer Spitze haften; sie sind schuppig, wenn sie reif sind, öffnen sie sich am unteren Ende und entlassen so die ziemlich großen, schwarzen Samen.

Kultur Ferocacteen lassen sich leicht kultivieren, meist werden sie aus Samen gezogen. Das ist nicht schwierig, denn man erhält bereits nach drei bis vier Jahren sehr schöne, bestachelte Pflanzen, obwohl es meist erheblich länger dauert, bis sie zum Blühen kommen. Die meisten Arten wachsen gut in einer Mischung aus etwa gleichen Teilen Sand und Humus, wenn sie von Frühling bis Herbst entsprechend gegossen werden. Bei sehr heißem Wetter ist ein Überbewässern kaum möglich, doch sollte der Boden vor jedem Guß annähernd trocken sein. Jungpflanzen bis zu zehn Jahren werden am besten unter leicht schattiertem Glas gezogen, danach ist mehr Licht nur vorteilhaft. Bei Trockenhaltung reicht für die meisten Arten im Winter eine Temperatur von 8° C oder sogar etwas weniger aus. Eine Art, *F. latispinus,* hat die Eigenschaft bei zu hoher Luftfeuchtigkeit und Temperaturen unter 8° C orange-rote Flecken zu bekommen; hier ist also Vorsicht geboten.

Gasteria liliputana

3 x nat. Gr.

Familie: *Liliaceae*

Vorkommen Gasterien kommen fast in ganz Südafrika vor, besonders in der Kap-Provinz und in Südwest-Afrika; meist wachsen sie im Schatten anderer Büsche, von Meereshöhe an bis hinauf zu den kühleren Gebirgslagen.

Beschreibung Gasterien sind meist kleine, stammlose Pflanzen, gewöhnlich locker gruppenbildend verzweigt. Die Blätter eines Triebes sind distich angeordnet, d. h. sie stehen in zwei gegenständigen Reihen. Die Zahl der Blätter pro Trieb schwankt zwischen 6 und 20. Sie sind meist glatt, glänzend dunkelgrün mit hellen grünlich-weißen Malen. Manchmal sind sie rötlich oder haben eine rauhe Oberfläche, z. B. bei *G. verrucosa.* Die Blätter sind 4 bis 25 cm lang und fast über die ganze Länge gleich breit, vorne sind sie zugespitzt oder abgerundet, die Oberseite ist flach, leicht gewölbt oder rinnig, die Unterseite immer deutlich gewölbt. Die Blattränder sind gewöhnlich glatt, aber sehr hart. Die glockigen, am Grunde etwas bauchigen, vasenförmigen Blüten sind 1 bis 2,5 cm lang, pastellfarben, cremeweiß oder rosa, wenn zweifarbig, dann von einer Farbe in die andere übergehend. Der 15 bis 45 cm hohe, aufrechte Blütenstand ist eine einfache, unverzweigte, lockere Ähre auf einem blaßgrünen, grau bereiften Schaft.

Kultur Gasterien lassen sich ausgesprochen leicht kultivieren, obwohl sie nicht besonders schnellwüchsig sind. Sie eignen sich ausgezeichnet als Zimmerpflanzen, zumal sie nicht ausgesprochen sonnenseitige Fenster benötigen, sondern auch an schattigen Stellen gedeihen. Sie wachsen nahezu auf jedem Durchschnittsboden und brauchen viel Wasser in der Zeit von Frühling bis Herbst. Im Gewächshaus kann ihnen bei Trockenhaltung eine Temperatur von 5° C oder sogar weniger nicht schaden; dort wachsen sie am besten an einer schattigen Stelle, etwa auf dem Boden unter den Hängetischen. Werden sie im Zimmer gehalten, wo die Durchschnittstemperatur während der Wintermonate bei ca. 21° C liegt, so müssen sie in Abständen gegossen werden, um ein Absterben der Blätter von den Spitzen her zu vermeiden. Dies geschieht meist bei den älteren Blättern, kann aber auch bei jüngeren vorkommen, wenn die Pflanzen bei den genannten Bedingungen zu trocken gehalten werden. Sie lassen sich leicht aus Samen oder durch Blattstecklinge vermehren.

Die abgebildete ist die kleinste bekannte Art, daher der Name *G. liliputana.* Gasterien sind seit langer Zeit in Kultur, darunter zahlreiche Hybriden, die noch nicht benannt sind. Es gibt außerdem einige sehr dankbare Kreuzungen zwischen *Gasteria* und *Aloe,* die als *Gastrolea* bezeichnet werden; sie stellen etwa dieselben Kulturansprüche.

Glottiphyllum arrectum — Zungenblatt 2 x nat. Gr.

Familie: *Ficoidaceae*

Vorkommen Arten dieser Gattung sind in großen Gebieten der Kap-Provinz in Südafrika, vor allem in der Karru, beheimatet; sie wachsen auf steinigem und sandigem Boden.

Beschreibung *Glottiphyllum*-Arten sind niedrig im Wuchs und viele haben etwas größere und sehr viel fleischigere Blätter als die abgebildete Art. Die sehr sukkulenten Blätter stehen in Paaren, wobei 3 oder 4 Blattpaare pro Trieb entwickelt werden. Jedes Blatt hat eine leicht schiefe, abgeflachte Oberseite und eine abgerundete Unterseite. Manche Arten haben leuchtend grüne Blätter, während sie bei anderen blaßgrün und bisweilen hell violett bereift sind. Die Blüten erscheinen einzeln, haben einen Durchmesser bis 7,5 cm, sind weit geöffnet und besitzen meist verschieden gelb gefärbte, manchmal auch weiße Kronblätter. Die Hauptblütezeit liegt im Herbst und im Frühwinter. Die Blüten bleiben ca. 7 bis 10 Tage frisch.

Kultur Sie sind meist leicht zu ziehen und viele Arten eignen sich für Sonnenfenster, sofern sie in einer Sand-Humusmischung wachsen. Die Pflanzen können bei Überbewässerung leicht zu groß werden; dies ist einer der wenigen Fälle, bei denen mit zu wenig Wasser die besten Ergebnisse erzielt werden können. Leichtes Gießen im Frühling, und etwas mehr, wenn die Hauptblütezeit kommt. Im Gewächshaus sollen sie unter leicht schattiertem Glas stehen. Im Winter halten sie, trockenstehend, Temperaturen bis in Gefrierpunktnähe stand.

Greenovia aurea

$^1/_3$ nat. Gr.

Familie: *Crassulaceae*

Vorkommen Diese Gattung kommt nur auf den Kanarischen Inseln vor; dort wächst sie im Gebirge an Wänden von Schluchten, den sogenannten »Barrancos«.

Beschreibung Die Arten der Gattung *Greenovia* sind stammlose Rosetten-Pflanzen, die reichlich sprossen und daher Gruppen bilden; nach der Blüte stirbt die jeweilige Rosette ab, dafür entwickeln sich rund um sie neue Rosetten. Diese können bis sie zur Blüte gelangen 2,5 bis 25 cm Durchmesser erreichen. Während der Vegetationszeit sind sie ziemlich offen mit flach ausgebreiteten Blättern, dem gegenüber sind sie im Ruhezustand tassenartig geschlossen. Eine Ausnahme bildet *G. aizoon,* die grünblättrige Art, bei der die Rosetten auch während der Ruheperiode in der heißen Zeit beinahe ganz offenbleiben. Die Blätter sind ziemlich fleischig, sehr unterschiedlich in der Größe, oben abgerundet und mit einem kleinen Spitzchen versehen. Sie sind kreidig blaugrün und meist etwas rosa getönt, mit Ausnahme von *G. aizoon,* die saftig grüne Blätter besitzt. Wenn die Blattrosetten ihre volle Größe erreicht haben, folgt ein 15 bis 45 cm langer Blütenstand, der aus 6 bis 36 gelben, bis 1 cm großen Blüten besteht.

Kultur Im Gegensatz zur Gattung *Aeonium,* mit der *Greenovia* nahe verwandt ist und die die gleiche Spätherbst- und Vorfrühlings-Wachstumsperiode aufweist, sollen diese Pflanzen während der heißen Sommermonate im Halbschatten kultiviert werden. Sie wachsen auf jedem Normalboden und benötigen durchschnittliche Wassergaben fast das ganze Jahr über, einschließlich der sommerlichen Ruheperiode.

Gymnocalycium hypobleurum var. **ferox** 2 x nat. Gr.

Familie: *Cactaceae*

Vorkommen Gymnocalycien sind in einem großen Gebiet Südamerikas auf der Ostseite der Anden vom südlichen Teil Argentiniens bis Paraguay, Uruguay, Südbrasilien und Bolivien zu Hause. Sie wachsen von Meereshöhe bis 1000 m und höher auf gut durchlässigem Boden, manchmal zwischen Gras, aber auch zwischen Felsen. *G. gibbosum* var. *nigrum* kann sogar Fröste aushalten, da die Art aus Süd-Patagonien in Argentinien stammt.

Beschreibung Diese Kakteen haben kugelige oder sehr kurz zylindrische, meist einzelne, nur bei einigen Arten wenig sprossende Stämme. Sie sind ziemlich klein, viele Arten sehen wie abgeflachte Kugeln aus, mit einem Durchmesser bis zu 15 cm. Sie sind stark gerippt, mit bis zu 20 (häufig weniger) Rippen. Diese verlaufen gerade oder leicht spiralig und sind häufig deutlich höckerig, d. h. zwischen den Areolen warzenartig unterteilt. Die Areolen sind wollig, stehen 0,5 bis 2,5 cm auseinander und tragen bis zu 12 Stacheln, bei denen man in vielen Fällen die radialen und zentralen unterscheiden kann. Die Stacheln sind grau bis braun oder schwarz, häufig gebogen und nach allen Seiten abstehend, oft dem Pflanzenkörper anliegend. Sie sind gewöhnlich etwa 1 bis 4 cm lang. In der Regel spreizen die gebogenen Stacheln nach der Seite oder nach unten; wenn überhaupt zentrale Stacheln vorhanden sind, dann selten mehr als drei. Die Blüten sind in den meisten Fällen trichterförmig und öffnen sich weit; Ausnahmen sind Arten wie *G. mihanovichii* und *G. schickendantzii.* Wenn sie sich weit öffnen, so erreichen sie einen Durchmesser von 2,5 bis 7,5 cm; ihre Farbe ist unterschiedlich; es kommen Grüntöne, Weiß, Gelb und Rot vor. Die eiförmigen Früchte sind, wie die Blütenröhre, mit Schuppen besetzt, kahl, ohne Stacheln oder Borsten, bis 4 cm lang und bei Reife grün, rot oder purpurrot gefärbt.

Kultur Gymnocalycien lassen sich in den meisten Fällen leicht kultivieren, obwohl sie in den ersten zwei Jahren bei der Aufzucht aus Samen langsam wachsen, da viele Arten während dieser Zeit ein ziemlich großes Wurzelsystem entwickeln. *G. mihanovichii* ist eine sehr kleinwüchsige Art mit vielen Varietäten, die leicht aus Samen gezogen werden kann und bereits nach zweieinhalb Jahren zur Blüte kommt. Die meisten anderen Arten dagegen benötigen 4 bis 6 oder noch mehr Jahre. Sie brauchen im allgemeinen einen Boden aus gleichen Teilen Humus und Sand und leichten Schatten, sogar als alte Pflanzen. Die Farbe der Körper ist von Art zu Art verschieden, viele sind unterschiedlich grün gefärbt, während andere rötlich braun oder dunkel schiefergrau sind. Die letzteren halten als ältere Pflanzen volle Sonneneinstrahlung besser aus. Die meisten Arten können bei Trockenheit im Winter bei 5° C gehalten werden; eine Ausnahme bildet *G. mihanovichii* mit seinen Varietäten, hier sind 8° C angebracht.

Die *Gymnocalycium*-Arten sind nahezu problemlos; sie haben kaum Krankheiten und blühen in fast allen Fällen mit Sicherheit jedes Jahr. Eine Form von *G. mihanovichii* var. *friedrichii* ist im Handel als gepfropfte Pflanze erhältlich; sie hat leuchtend rote oder gelbe Körper. Da die Pfropfunterlage immer von einer schnellwüchsigen aber empfindlichen Art stammt, dürfen solche Exemplare im Winter nicht unter einer Temperatur von 10° C gehalten werden. Diese Form wird oft fälschlich als var. *rubra* bezeichnet, richtig ist »*forma* Hibotan«.

Graptopetalum pachyphyllum 3x nat. Gr.

Familie: *Crassulaceae*

Vorkommen Die Arten dieser Gattung kommen vorwiegend von Mexiko bis Arizona vor; sie wachsen in Gebirgsschluchten und auf Felsen.

Beschreibung Die *Graptopetalum*-Arten sind wie Echeverien fast stammlose oder etwas strauchig verzweigte, bis zu 25 cm hohe Pflanzen, deren Stämme dazu neigen, sich niederliegend auszubreiten oder gerade zu hängen. Die fleischigen Blätter sind 1 bis 7 cm lang, vorne zugespitzt oder abgerundet; sie sind bläulich, grün oder rosa mit wachsig-pudrigem Überzug. Manche Arten sind einblütig, die meisten jedoch bilden 6 bis 20 Blüten an einem verzweigten Schaft. Die Blütenkrone hat eine deutlich ausgebildete Röhre und ihre fünf gefleckten oder unregelmäßig gezeichneten Zipfel öffnen sich weit. Die Grundfarbe ist meist weiß, elfenbeinfarben oder gelb, mit dunkleren Malen in Braun oder Purpur.

Kultur Die *Graptopetalum*-Arten sind relativ leicht zu kultivieren und eignen sich als Zimmerpflanzen. Wie die verwandten Gattungen *Echeveria* und *Dudleya* brauchen sie eine Bodenmischung aus etwa gleichen Teilen Sand und Humus und sollen unter leicht schattiertem Glas stehen. Sie haben einen durchschnittlichen Wasserbedarf von Frühling bis Frühsommer; später, bei stärkerer Sonneneinstrahlung und weniger Bewässerung entwickeln sie ihre leuchtenden Farben. Die strauchigen Arten können leicht gegossen werden, wenn sie bei einer Temperatur von 8° C gehalten werden; sonst können sie trocken bei 5° C oder weniger überwintern.

Harrisia fragrans

$^1/_2$ nat. Gr.

Familie: *Cactaceae*

Vorkommen Harrisien sind hauptsächlich im südlichen Florida, auf den Westindischen Inseln und in Südamerika südlich bis Argentinien zu Hause. Sie bilden entweder undurchdringliche Dickichte oder sie wachsen zwischen großen Bäumen, an denen sie Halt finden, selbst unter Bedingungen des tropischen Urwalds.

Beschreibung Die Harrisien sind aufrechte, in der Jugend säulenförmige Kakteen; da jedoch die Stämme ziemlich dünn sind, nur etwa 5 cm Dicke erreichen, neigen sie sich bald um und legen sich nach allen Seiten ausgebreitet über andere Büsche oder niedrige Bäume. Die Stämme der meisten Arten haben 5 bis 11 abgerundete Rippen, auf denen die Areolen 2,5 cm oder weniger auseinander stehen. Die Stacheln sind ziemlich aufrecht und kaum mehr als 2,5 cm lang, meist aber kürzer. Die weißen, oft schlankröhrigen bis trichterförmigen Blüten können bis 20 cm lang werden; sie sind immer wohlriechend und erscheinen im Sommer. Die Früchte sind gewöhnlich ziemlich groß, 5 bis 7,5 cm im Durchmesser und gelb oder rot gefärbt.

Kultur Harrisien sind recht leicht zu kultivieren; sie brauchen humusreichen Boden, der am besten aus zwei Teilen Humus und einem Teil Sand besteht. Bei warmem Wetter in der Zeit von Frühling bis Herbst brauchen sie reichlich Wasser. Im Winter ist eine Minimaltemperatur von 8° C empfehlenswert; bei einigen Arten von den Westindischen Inseln und solchen aus Florida sind 10° C angebracht. Die Arten brauchen während des Winters gelegentlich Wasser, um Einschrumpfen zu vermeiden.

Haageocereus acranthus

$1^1/_4$ x nat. Gr.

Familie: *Cactaceae*

Vorkommen Haageocereen sind in den felsigen Küstengebieten entlang des Pazifischen Ozeans in Peru und auf den Hügeln und in den Tälern von Mittelperu oberhalb von Lima zu Hause.

Beschreibung Die Haageocereen sind fast immer sehr schön bestachelte, aufrechte Säulenkakteen, die kaum höher als 1,5 m werden. Die Stämme sind 5 bis 7,5 cm dick. Sie sind meist von Grund aus verzweigt, dadurch kommt es zu ihrem kandelaberartigen Wuchs. Die Rippen sind deutlich ausgebildet, meist flach, abgerundet und 14 bis 20 an der Zahl. Die Areolen stehen auf den Rippen nahe beieinander, sie sind wollig, verschieden gefärbt und tragen zahlreiche, etwa 1 bis 4 cm lange radiale und zentrale Stacheln (obgleich es in manchen Fällen schwierig ist, sie zu unterscheiden). Die bis 40 Stacheln sind bis auf einige Ausnahmen ziemlich dünn, relativ steif und goldgelb bis verschieden braun gefärbt; manchmal haben sie schwarze Spitzen. Viele Arten sind so dicht bestachelt, daß die Farbe des Stammes nahezu unsichtbar ist. Alle Arten sind nachtblütig, mit weißen bis rosafarbenen Blüten. Diese erscheinen aus den Areolen am oberen Teil der Stämme, haben eine 7,5 bis 10 cm lange, schlanke Röhre, öffnen sich oben aber weit (Siehe Abb.). Die Außenseite der Röhre ist mit grünlich-braunen Schuppen und weißen Haaren besetzt. In vielen Fällen sind die Areolen, aus denen die Blüten erscheinen, wie bei *Cephalocereus* viel stärker behaart und bilden sogenannte »Pseudocephalien«. Die Früchte sind kugelig bis eiförmig, 2,5 bis 3,8 cm lang, außen schuppig und behaart, innen fleischig.

Kultur Die *Haageocereus*-Arten sind alle sehr hübsch und leicht aus Samen oder Stecklingen zu ziehen, jedoch nicht schnellwüchsig, wobei allerdings freie Wurzelentfaltung beim Auspflanzen das Wachstum etwas beschleunigt. Sie brauchen einen Boden, der aus etwa gleichen Teilen Sand und Komposterde besteht und durchschnittliche Bewässerung von Frühling bis Herbst. Jungpflanzen sollten die ersten drei oder vier Jahre unter leicht schattiertem Glas gezogen werden; ist jedoch erst die Bestachelung einigermaßen dicht, so können sie in voller Sonne stehen, aber nicht zu nahe am Glas. Ältere Pflanzen sollen bei heißem Wetter etwas mehr gegossen werden; man braucht nicht zu fürchten, daß sie faulen. Im Winter sollen sie trocken stehen, wobei 8° C ausreichen.

Haageocereen werden wie Espostoen und viele Ferocacteen vor allem wegen ihrer schönen Wuchsformen und der prächtigen Färbung ihrer Bestachelung gezogen; da sie bei Aufzucht aus Samen selbst unter idealen Verhältnissen, d. h. ausgepflanzt bei freier Wurzelentfaltung, viele Jahre brauchen, ehe sie blühen.

Haworthia attenuata f. **variegata** 2 x nat. Gr.

Familie: *Liliaceae*

Vorkommen Die Gattung ist in Südafrika einschließlich Südwest-Afrika weit verbreitet. Die Arten wachsen im Schutz von schattenspendenden Büschen oder in sandigen, wüstenartigen Gebieten, wo sie während der heißen Zeit von Sand bedeckt sind.

Beschreibung Die Haworthien sind recht niedrige, stammlose Pflanzen. Die Blätter stehen gedrängt in offenen oder fast kugeligen Rosetten; bei manchen Arten, z. B. *H. cymbiformis,* und ihren Verwandten sprossen die Pflanzen stark, so daß 50 bis 100 oder mehr Rosetten, Polster oder Gruppen beieinanderstehen. Einige Arten besitzen säulenartig aufrechte Blattrosetten, die in wenigen Fällen, z. B. bei *H. asperiuscula,* auch dreikantig sein können. Viele Arten haben ähnliche Blätter wie die abgebildete, während die Blätter anderer Arten, z. B. *H. maughanii* und *H. truncata,* vorn stumpf und wie abgeschnitten sind. Diese Arten wachsen in der Natur fast zugedeckt vom sandigen Boden, so daß nur die abgestutzten, gefensterten Blattspitzen sichtbar sind. Im Wuchs gleichen sie *Fenestraria rhopalophylla* (S. 89). Die Blätter dieser beiden Typen sind sehr hart, grün bis blaugrün oder bronzebraun-purpurn und manchmal ober- und unterseits mit weißlichen Warzen und Pusteln besetzt. Im Gegensatz dazu gibt es Arten mit sehr fleischigen, glatten Blättern; diese sind heller grün und glänzend, so daß sie fensterartig transparent erscheinen. Dazu gehört *H. cymbiformis.* Der Durchmesser der Rosetten schwankt zwischen 2,5 und 10 cm. Wenn einige Arten in Kultur etwas größer werden, so entspricht das nicht ihrer Größe in der Natur. Die Blüten sind klein, trichterförmig, mit zurückgeschlagenen Kronzipfeln, 0,5 bis 1 cm lang, meist schmutzig weiß, manchmal mit einigen bräunlichen Längsstreifen auf der Blütenröhre. Der Blütenstand ist eine einfache, sehr zarte Ähre mit 7,5 bis 30 cm langem, meist blaß grünbraunem, normalerweise blaugrün überlaufenem Schaft. Da die Blüten an sich recht unscheinbar sind, werden die Pflanzen wegen ihrer schönen Rosetten oder ihrer ungewöhnlichen Form kultiviert.

Kultur Haworthien lassen sich meist leicht kultivieren, eignen sich ideal als Zimmerpflanzen und können etwa wie Gasterien behandelt werden. Im Gewächshaus gedeihen auch hier die meisten Arten am besten unterhalb der Hängetische. Sogar die sehr langsamwüchsigen Arten wie *H. maughanii* und *H. truncata* gedeihen auf diese Art gut, obwohl sie sandigere Erde bevorzugen. Die Mehrzahl wächst in einer Mischung von gleichen Teilen Sand und Humus gut und braucht während der heißen Zeit zwischen Frühling und Herbst viel Wasser. Im Winter sollen sie trocken stehen. Temperaturen von 5° C oder etwas weniger genügen für viele Arten. In unserem ungeheizten Versuchsgewächshaus haben wir folgende Arten mit Erfolg 25 Jahre lang kultiviert: *H. glabrata, H. reinwardtii* und *H. asperiuscula.*

Bei der Abbildung handelt es sich um eine buntblättrige »panaschierte« Form von *H. attenuata,* bei der in einigen Blatteilen das Chlorophyll fehlt. (Siehe *Agave americana* fa. *variegata* S. 22 und *Sansevieria trifasciata* var. *laurentii* S. 152).

Hoya australis — Wachsblume $1^{1}/_{2}$ x nat. Gr.

Familie: *Asclepiadaceae*

Vorkommen Die Gattung kommt hauptsächlich im tropischen Asien, in Indien, Thailand, Süd-China und Malaya vor; einige Arten sind auch in Indonesien und Nord-Australien beheimatet. Sie wachsen meist in halbfeuchten Urwaldgebieten, wobei ihre Sprosse im Geäst verschiedener Bäume und Sträucher schlingen und klettern.

Beschreibung Die Mehrzahl der Arten sind Kletterpflanzen mit fleischigen Blättern; es gibt aber auch einige Arten mit hängenden Zweigen, wie etwa die wohlbekannte *H. bella,* die im Vergleich zu den meisten anderen Arten sehr klein ist. Bei ihr sind die Blätter eiförmig, vorne zugespitzt, selten über 1 cm lang; die ähnlich geformten Blätter anderer Arten sind jedoch 5 bis 7,5 cm lang und 4 bis 5 cm an der breitesten Stelle. Die windenden Sprosse und die Blätter sind meist gleichartig in verschiedenen Grüntönen gefärbt, nur die Blattadern sind gelegentlich etwas dunkler. Die fleischigen Blätter sind ziemlich hart und oberseits glänzend grün. Die jüngeren schlingenden Triebe, an denen die Blätter noch nicht entwickelt sind, sind meist purpurfarben und werden erst mit dem Erscheinen der Blätter grün. Die gestielten Blüten sind zu doldigen Blütenständen vereinigt; in ihnen erscheinen die Blüten nicht nur einmal, sondern jedes Jahr. Dieser Stiel der Blütendolde verlängert sich mit der Zeit und darf nach Abfall der Blüten niemals abgeschnitten werden. Die Blüten besitzen, wie die der übrigen Asclepiadaceen, eine fünflappige sternförmige Krone. Sie erreichen meist etwas mehr als 1 cm im Durchmesser und haben rötliche, 2,5 bis 5 cm lange Stiele. Im Zentrum der Blüte sitzt die sogenannte Corona; sie ist häufig rötlich oder rosa gefärbt. Bei vielen Arten sind die Blütenblätter weiß oder elfenbeinfarben, kahl oder samtig behaart; doch gibt es Ausnahmen, etwa grünliche oder purpurrote Blüten; diese Arten werden jedoch seltener kultiviert. Die Blütendolden halten sich meist drei Wochen. Früchte werden wegen des komplizierten Bestäubungsmechanismus an kultivierten Pflanzen kaum gebildet; sie sehen wie ein Paar Hörner aus.

Kultur Viele Arten der Gattung *Hoya* lassen sich recht leicht kultivieren; sie brauchen sehr humusreichen Boden, etwa zwei Teile Humus auf einen Teil Sand. Vom Frühling bis Herbst benötigen sie viel Wasser und sollten zu dieser Zeit unter schattiertem Glas gezogen werden, da direkte Sonnenbestrahlung die Blätter verbrennen kann. Im Winter ist die Sonnenbestrahlung jedoch zu schwach, um Schaden anzurichten. Die meisten Arten können bei 10° C überwintern, sie sollen dabei aber trocken gehalten werden. Wenn sie in Blumenfenstern oder Gewächshäusern gezogen werden, die sich für die empfindlichen Orchideen eignen und etwa 21° C haben, so brauchen sie etwas Wasser, um Schrumpfen der Blätter oder sogar ihren Verlust zu vermeiden. *H. carnosa* hält jedoch bei Trockenheit tieferen Wintertemperaturen stand, sogar bis zu 5° C.

Viele dieser Arten können als Topfpflanzen gezogen werden; sie brauchen dann kleine Spaliere, an denen sich ihre Sprosse leicht befestigen lassen. *H. carnosa* wächst und blüht bei Topfkultur gut; sollte die Pflanze zu groß werden, kann man sie jederzeit zurückschneiden.

Huernia transmutata

2 x nat. Gr.

Familie: *Asclepiadaceae*

Vorkommen Die Gattung kommt in großen Gebieten Südafrikas, in Süd-West-Afrika sowie in West-, Mittel- und Ostafrika bis ins südliche Arabien vor. Die meisten Arten, wie auch die anderen kleinwüchsigen Stapelien, wachsen gerne im Schatten anderer Pflanzen, vor allem kleiner Sträucher; sie stehen auch vielfach unter Dornbüschen. Einige Arten wachsen in Felsspalten, z. B. *H. hallii,* eine sehr niedrigwüchsige Art, die in einem besonders heißen und trockenen Gebiet vorkommt.

Beschreibung *Huernia*-Arten sind kleinwüchsige, reichlich verzweigte Pflanzen mit 4- bis 5kantigen Trieben. An den Kanten stehen deutlich ausgebildete, kurze, aber spitze Zähnchen. Die Zähne sind meist weich, aber bei vielen Formen von *H. hystrix* sind sie hart und ziemlich spitz. Die Stämmchen sind kahl, 1 bis 10 cm lang und 0,5 bis 2 cm dick. Sie sind verschieden grün, grünlich-purpurn oder rötlich-purpurn gefärbt, entweder einfarbig oder leicht gesprenkelt, wie z. B. bei *H. macrocarpa.* Die Kanten können abgerundet-stumpf oder ziemlich scharf sein, je nach dem, ob es sich um Arten mit vier- oder fünfkantigen Trieben handelt. Es gibt zwei Arten, deren Stämmchen noch mehr Kanten oder Höckerreihen besitzen und die, ähnlich wie viele Kakteen, gerippt sind; es handelt sich um *H. distincta* mit 8 oder 9 Höckerreihen und *H. pillansii* mit 20 bis 24. Die Blüten der Huernien sind sehr verschieden. Sie haben fünfzipflige Kronen, jedoch in den Buchten zwischen den fünf Kronzipfeln steht jeweils noch ein zahnartig hervorstehender Zipfel. Dies ist bei einigen Arten besonders ausgeprägt und auf unserer Abbildung deutlich sichtbar. Die Blüten erreichen einen Durchmesser von etwa 1 bis 6 cm und sind fleischig, wie bei allen Stapelien. Sie können glockig sein, manchmal mit einer relativ langen Röhre, oder aber weit geöffnet und nur kurzer Röhre. Eine besondere Gruppe von Arten ist durch einen verdickten, einem Rettungsring ähnelnden Wulst am Schlund der Blütenröhre gekennzeichnet. Die Blütenröhre und die Zipfel können glatt oder mit steifen Papillen besetzt sein. Die Farben reichen von Cremeweiß bis zu allen Schattierungen von Rot und Purpur, wobei die Blüten entweder einfarbig, gefleckt oder unregelmäßig gestreift sind. Die Gliederung dieser sehr variablen Gattung beruht wiederum auf den Unterschieden im Bau der Corona (s. *Hoya,* S. 104).

Kultur Die meisten Huernien lassen sich recht leicht kultivieren; sie wachsen gut auf einer Mischung aus etwa gleichen Teilen Sand und Humus und brauchen bei heißem Wetter zwischen Frühjahr und Herbst viel Wasser. Sie sollten unter leicht schattiertem Glas gezogen werden. Es gibt viele Ausnahmen, wenn man die ganze Gattung in Betracht zieht; die drei wichtigsten sind *H. hallei, H. pillansii* und *H. verekeri.* Diese drei Arten brauchen erheblich sandigeren Kompost und viel mehr Wasser. Im Winter halten die meisten Arten, wenn man sie ziemlich trocken hält, Minimaltemperaturen von 8° C aus; in wärmeren Perioden kann etwas gegossen werden, um Schrumpfen zu vermeiden. Die drei oben genannten Arten sollten jedoch unter trockeneren Bedingungen oder bei höherer Luftfeuchtigkeit und etwas höherer Temperatur gehalten werden.

Hat man nur ein kleines Gewächshaus, so ist es ratsam, sich bei Stapelien nur auf eine Gattung wie diese zu beschränken; die Huernien brauchen nicht viel Raum, blühen jedoch dankbar vom Spätfrühling bis zum Spätherbst; ihre Blüten sind zwar nicht groß, aber sehr verschiedenartig in Bau und Färbung.

Hatoria salicornioides 1½ x nat. Gr.

Familie: *Cactaceae*

Vorkommen Eine Gattung mit nur einer, ziemlich niedrigen Art aus den Urwaldgebieten Brasiliens.

Beschreibung Es ist dies gewöhnlich ein reich verzweigter, aufrechter Busch; wenn die schlanken Stämmchen gelegentlich bis etwa 25 cm lang werden, so neigen sie dazu überzuhängen. Diese blaßgrünen, zylindrischen Stämmchen sind gegliedert, wobei die Glieder manchmal etwas flaschenförmig gestaltet sind, besonders dann, wenn die Pflanze langsam gewachsen ist. Areolen sind nur wenige vorhanden, sie sind mit kurzen, weißen Borsten besetzt. Die trichterförmigen Blüten sind gelb bis orangerot, sie werden nur selten größer als 1 cm. Die Früchte sind sehr klein und bei Reife weiß.

Kultur Die Gattung wächst sehr leicht, sie braucht einen Boden mit großem Humusanteil und sollte wie *Chiapasia nelsonii* behandelt werden. Jedoch brauchen diese Pflanzen, wie auch die *Epiphyllum-Hybriden,* keine hohen Temperaturen während des Winters, 8° C oder sogar etwas weniger sind ausreichend.

Hylocereus cubensis

1/5 nat. Gr.

Familie: *Cactaceae*

Vorkommen Hylocereen sind vor allem auf den Westindischen Inseln zu Hause, aber auch in Mexiko, Mittelamerika, Venezuela und Brasilien kommen sie vor. Obwohl sie Bewohner der offenen Waldgebiete sind, wachsen sie gewöhnlich nicht epiphytisch, sondern wurzeln auf der Erde. Ihre Sprosse ranken und klettern jedoch mit Hilfe von Luftwurzeln an Bäumen empor.

Beschreibung Hylocereen sind kletternde Kakteen mit dreikantigen (etwas geflügelten), gegliederten Stämmen. Die Kanten sind manchmal gewellt (gebuchtet), wobei die Areolen zwischen den Buchten stehen. Stacheln sind nur wenige sehr kurze vorhanden, manchmal fehlen sie ganz. Die großen trichterförmigen Blüten sind weiß oder elfenbeinfarbig, sie sind nachts geöffnet, sehr wohlriechend und bis 30 cm lang. Die Früchte sind rot und bei *H. undatus* bis 12 cm dick.

Kultur Alle Arten wachsen ausgesprochen leicht; sie brauchen humusreichen Boden und viel Wasser vom Frühjahr bis zum Herbst. Sie sollten unter teilweise schattiertem Glas gezogen werden. Die meisten Arten brauchen eine Mindesttemperatur von 10° C oder etwas mehr während des Winters, sonst werden sie gegen die »Orangerote Fäule« anfällig, die eine schöne Pflanze schnell ruinieren kann. Die abgebildete Art hält jedoch auch bei 8° C oder sogar etwas weniger aus, vorausgesetzt, man hält sie trocken. Werden diese Kakteen bei den ihnen zusagenden Bedingungen bezüglich Luftfeuchtigkeit und Temperatur kultiviert, so können sie zu jeder Zeit im Jahr blühen.

Kalanchoe scapigera

2 x nat. Gr.

Familie: *Crassulaceae*

Vorkommen Diese Gattung ist in ganz Afrika, ausgenommen seiner nördlichen Teile, in Arabien, Madagaskar und auf den meisten Inseln im Indischen Ozean, sowie Sri Lanka (Ceylon), in Indien, Malaya und Indonesien weit verbreitet. Einige Arten kommen sogar im tropischen Amerika vor. Die meisten sind in den Tropen beheimatet, teils in Gebieten mit ziemlich feucht-heißem Klima; doch es gibt auch einige Arten die in Gegenden wachsen, wo die Temperaturen unter 10° C, auch über längere Zeiträume, absinken können. Die verschiedenen Arten wachsen in unterschiedlichen Vegetationstypen, teils in voller Sonne, teils zwischen anderen Pflanzen oder sogar im Schatten unter Bäumen.

Beschreibung Es gibt einige Zwergarten, wie *K. rhombopilosa,* die wie ein verzweigtes Sträuchlein von kaum mehr als 7,5 cm Höhe wächst. Andere wieder sind große, aufrechte Stauden oder Sträucher bis zu etwa 2 m Höhe, wie z. B. *K. beharensis.* Während manche Arten völlig unverzweigt sind, wachsen andere dicht buschig oder ausgebreitet. Wie bei *Crassula* oder *Euphorbia* finden wir auch hier zahlreiche verschiedene Formen, so daß ihre Beschreibung hier zu weit führen würde. Die Blätter können groß oder klein, einfarbig oder unregelmäßig gefleckt, kahl oder samtig behaart sein. Die Blüten erscheinen nur selten einzeln, meist dagegen gebüschelt oder zu sehr vielen an aufrecht verzweigten Blütenständen; sie stehen bei manchen Arten aufrecht, bei anderen sind sie hängend; alle weisen aber eine gemeinsame, deutlich erkennbare Grundform auf: sie sind 1,25 bis 5 cm lang und haben eine schwach vierkantige Kronröhre mit kurzen, etwas zurückgeschlagenen Zipfeln. Die Blüten können kahl oder leicht samtig behaart sowie zart oder leuchtend gefärbt sein, oft sind sie leicht fleischig, so daß sie bei einigen Arten manchmal ein paar Wochen lang halten.

Kultur Kalanchoen sind ebenfalls leicht zu kultivieren; meist brauchen sie einen Boden mit mindestens 50 Prozent Humusanteil und viel Wasser in der Zeit von Frühjahr bis Herbst. Nur einige der Zwergarten bevorzugen leichteren Boden und brauchen weniger Wasser. Sie können unter leicht schattiertem Glas gezogen werden oder auch in voller Sonne, wenn sie nicht so nahe am Glas stehen, daß es an den Blättern zu Verbrennungen kommt. Während des Winters brauchen die meisten Arten Temperaturen von mindestens 10° C und gelegentlich ein wenig Wasser, um zu starken Blattfall zu vermeiden. Es gibt aber auch einige wenige Arten, die kühlere, trockenere Bedingungen vorziehen.

Da einige Arten ziemlich groß werden, kann man jederzeit durch Stecklinge oder Blattstecklinge neue kleine Pflanzen erhalten. Einige der kleineren Arten eignen sich gut für Sonnenfenster und blühen dort sehr dankbar. Die Pflanzen bilden sehr viele Samen, daraus lassen sich bei einigen Arten innerhalb von achtzehn Monaten blühende Pflanzen ziehen.

Lapidaria margaretae 2 x nat. Gr.

Familie: *Ficoidaceae*

Vorkommen Diese einzige Art der Gattung kommt im Großen Namaland in Südwest-Afrika vor; sie wächst dort auf sandigem und sehr steinigem Boden oder in Felsspalten.

Beschreibung Diese Art gehört wiederum zu den niedrigen, stammlosen Mesembryanthemen, die sich, wie verwandte Gattungen, im Alter kurz verzweigen und mehr oder weniger klumpen- bzw. polsterbildend sind. Jeder »Kopf« besteht durchschnittlich aus 3 bis 4 Paaren stark sukkulenter Blätter, die bis 2 cm lang und im unteren Drittel etwa 1 cm breit werden. Ihre Oberseite ist flach, die Unterseite ist stark gewölbt und so geformt, daß das Blatt gegen die Spitze zu dicker ist als am Grund; außerdem ist es ziemlich kantig. Meist sind die Blätter blaß kalkig-grau gefärbt, manchmal leicht rosa überhaucht, nur die Kanten sind heller gelblich grau. Die etwa 2,5 cm lang gestielten Blüten erscheinen einzeln, sie öffnen sich weit und haben einen Durchmesser von 5 cm. Die immer kräftig gelb gefärbten Blüten haben schmale Kronblätter und in ihrer Mitte stehen zahlreiche Staubblätter.

Kultur *Lapidaria margaretae* findet man nicht oft in den Sammlungen. Im Gegensatz zu dem, was manchmal über diese Art geschrieben wird, kann sie leicht kultiviert und sogar aus Samen gezogen werden. Im letzteren Fall kann sie innerhalb von drei bis vier Jahren zur Blüte gebracht werden; in Klimaten mit einer längeren Vegetationsperiode als bei uns blüht sie sogar noch eher. Die Pflanzen brauchen sehr sandigen Humusboden und während der ganzen Zeit von Frühling bis Herbst unterdurchschnittliche Wassergaben. Sie wachsen und blühen gut unter leicht schattiertem Glas. Wenn sie trocken stehen, ist im Winter eine Temperatur von 5° C ausreichend. An ihren natürlichen Standorten wachsen die Pflanzen in voller Sonne, dort sind sie aber meist teilweise von Sand bedeckt, so daß sie während der heißesten Zeit etwas geschützt sind.

Wir kultivieren die Mehrzahl unserer Mesembryanthemen, ob sie nun strauchig oder stammlos sind, auf flachen Hängetischen im Gewächshaus. Wenn man so vorgeht, dann ist es nicht notwendig, nur Arten der gleichen Gattung zusammen zu pflanzen, man sollte aber immer bestrebt sein, Arten auszuwählen, die ähnlich wachsen und die gleichen Wasseransprüche stellen. *L. margaretae* kann auf einem Flachbett in sandigem Kompost zusammen mit Arten folgender, in diesem Buch erwähnten Gattungen gezogen werden: *Aloinopsis, Argyroderma, Cerochlamys, Conophytum, Lithops* und *Pleiospilos*. Unsere Kulturanweisungen sind für einige dieser Gattungen etwas abweichend, aber mit einiger Sorgfalt können sie alle zusammen gepflanzt werden, selbst wenn der einen oder anderen Pflanze etwas mehr Wasser gegeben werden muß. Die Gattung *Fenestraria* muß sehr viel sorgfältiger behandelt werden, wogegen strauchige Pflanzen wie *Oscularia,* die auch humusreicheren Boden brauchen, andere Gattungen bald unterdrücken würden.

Lithops lesliei — Blühende oder Lebende Steine 2 x nat. Gr.

Familie: *Ficoidaceae*

Vorkommen Die Gattung ist in großen Gebieten von Südwest-Afrika verbreitet, ebenso jenseits des Oranje im Namaland in der Kap-Provinz; die abgebildete Art kommt im Oranje Freistaat und in Transvaal vor. *Lithops*-Arten können von Meeresniveau bis in Höhen von ca. 2000 m angetroffen werden, wobei die Mehrzahl der Arten in sehr trockenen Gebieten zu finden ist. Sie wachsen entweder auf sehr sandigem Boden, wo sie durch den darüberliegenden Sand vor zu starker Sonneneinstrahlung geschützt sind, oder in Felsspalten und zwischen Quarzbrocken. Die abgebildete Art und *L. aucampiae,* die ebenfalls aus Transvaal stammt, sind manchmal zwischen Gras zu finden, auf einem Boden, der die Feuchtigkeit viel besser festhält als der fast reine Sand, in dem die Gattung in Südwest-Afrika meist vorkommt.

Beschreibung Eine einköpfige *Lithops*-Pflanze besteht aus einem Paar stark sukkulenter, verwachsener Blätter, die oben mehr oder weniger halbkreisförmig abgestutzt sind und deren flache Seiten aneinander liegen. Die Seiten der Blattkörper sind gewöhnlich glatt, aber sehr unterschiedlich und manchmal anders gefärbt als die Oberfläche, die ebenfalls glatt, gepunktet oder unregelmäßig gezeichnet sein kann, wobei die Flecken meist schwach vertieft sind. Manche Arten haben eine nahezu gefensterte Oberfläche mit unregelmäßigem Muster. Die Blätter können grün bis grau, violett-rosa oder in verschiedenen rot-braunen Tönen gefärbt sein. Jedes Körperchen bildet eine Blüte, die aus dem Spalt zwischen den Blättern hervortritt. Die Blüten haben, wenn sie voll geöffnet sind, einen Durchmesser von durchschnittlich 2,5 cm und bedecken fast den ganzen Pflanzenkörper, der nur selten über 2,5 cm Durchmesser erreicht. Die entweder gelben oder weißen, häufig wohlriechenden Blüten erscheinen von Spätsommer bis Frühherbst; sie öffnen sich am Nachmittag und schließen sich vor Einbruch der Dunkelheit.

Kultur *Lithops*-Arten können leicht aus Samen gezogen werden, wobei die meisten bereits im dritten oder vierten Jahr blühen. Die Mehrzahl braucht eine Bodenmischung, die aus zwei Teilen Grobsand und einem Teil Humus besteht; obgleich es sich um sehr kleine Pflanzen handelt, sollten sie nicht in zu kleinen Töpfen gezogen werden, da ihre Wurzeln sonst austrocknen und absterben. Alle Pflanzen werden bei uns unter leicht schattiertem Glas gezogen, obwohl sie am natürlichen Standort meist in voller Sonne wachsen; sie blühen jedoch unter diesen Bedingungen sehr gut. Im Frühjahr, während der Ruheperiode, ist nur leichtes Besprühen von oben nötig, eben genug, um die Wurzeln am Leben zu erhalten, jedoch zu wenig, um die Pflanzen zum Wachsen anzuregen. Die Blattkörper müssen erst völlig austrocknen, ehe sich das neue Blattpaar zwischen ihnen entwickelt. In der Zeit zwischen Sommer und Herbst kann mehr gegossen werden; im Winter sollten die Pflanzen trocken stehen, wobei die Temperatur bis 5° C absinken kann.

Einige *Lithops*-Arten bilden Polster, manche mit 10 oder 20 Körperchen. *L. lesliei* ist gewöhnlich gelbblütig, selten treten auch weiße Blüten auf.

Islaya solitaria

1½ x nat. Gr.

Familie: *Cactaceae*

Vorkommen Diese Gattung kommt in sandigen und felsigen Gebieten von Süd-Peru und Nord-Chile bis in Höhen von 900 m vor.

Beschreibung *Islaya*-Arten sind gewöhnlich einstämmige, kugelige bis kurz zylindrische, ca. 20 cm hohe Pflanzen; eine Art jedoch, *I. grandis,* kann zwei- bis dreimal so hoch werden. Der Durchmesser beträgt meist 10 cm. Die kreidig blauen oder graugrünen Körper haben 15 bis 20 Rippen; die weiß-wolligen Areolen stehen erhöht auf den Rippen und lassen manche Arten fast höckerig erscheinen. Die Stacheln sind weiß bis braun mit dunkleren Spitzen, sie sind selten länger als etwa 1 cm, häufig viel kürzer. Die Blüten erreichen 2,5 cm Durchmesser, sie sind meist gelb, oft mit rötlich braunen äußeren Blütenblättern. Die Früchte sind bei Reife 2,5 bis 5 cm lang und leuchtend rosa gefärbt. Sie reifen einige Wochen nach dem Abblühen.

Kultur Alle *Islaya*-Arten brauchen einen wasserdurchlässigen Boden, der zumindest aus zwei Teilen grobem Kieselsand und einem Teil Humus besteht; Tontöpfe sind angebracht, damit der Boden nach dem Gießen schnell austrocknet. Die Bodenmischung sollte noch durchlässiger sein, wenn Plastiktöpfe verwendet werden. Die Pflanzen dürfen niemals zu reichlich gegossen werden und während trübem Wetter im Frühjahr und Herbst sollte man gar nicht gießen. Sie brauchen einen Platz auf den obersten Hängetischen im Gewächshaus unter leicht schattiertem Glas. Im Winter sollte man sie bei 8° C halten.

Mamillopsis senilis

nat. Gr.

Familie: *Cactaceae*

Vorkommen Die Gattung mit nur zwei Arten ist in Mexiko in den Hochgebirgen von Durango und Chihuahua zu Hause.

Beschreibung Diese Pflanzen haben kugelige oder annähernd zylindrische Köpfe, die stark höckerig und völlig mit Stacheln bedeckt sind (weiß bei *M. senilis,* strohgelb bei *M. diguetii*), und reichlich sprossen. Die Areolen bestehen aus bis zu 40 radial abstehenden, kaum 2,5 cm langen, feinen und geraden Stacheln und bis zu sechs mehr aufrechten, zentralen, oben hakenförmig gekrümmten Stacheln. Die Blüten sind röhrenförmig, aber weit geöffnet. Sie sind bis etwa 6 cm lang, leuchtend rot und stehen in den Achseln zwischen den höckerigen Areolen. Die Früchte sind klein, etwas länglich, bei Reife rot und außen glatt.

Kultur Obgleich diese Pflanzen in großen Höhen bis zu 2500 m und darüber vorkommen und sogar Schneefälle überstehen, sind sie bei Überbewässerung – wenn sie nicht sehr sorgfältig gepflegt werden – in feuchten Klimaten sehr anfällig gegen Fäulnis. Sie benötigen ziemlich sandigen Humusboden und unterdurchschnittliche Bewässerung; sie sollten unter leicht schattiertem Glas stehen. Im Winter müssen sie trocken und kühl gehalten werden. In unserem gemäßigten Klima, bei dem die Luftfeuchtigkeit manchmal zum Problem wird, sind sie bei einer Mindesttemperatur von 8° C sicherer. Für Pflanzen, die in einem Klima mit kalten und trockenen Wintern kultiviert werden, taucht dieses Problem nicht auf.

Melocactus melocactoides

2 x nat. Gr.

Familie: *Cactaceae*

Vorkommen Melocacteen sind auf fast allen tropischen Inseln Westindiens, in den Küstengebieten Mittelamerikas, in Süd-Mexiko, Venezuela und Brasilien zu Hause. Manchmal wachsen die Pflanzen sehr nahe am Meer und ertragen sogar den Salzgehalt der Brandungsluft. Einige Arten, wie *M. intortus,* wachsen auf kalkhaltigen Laub-Rohhumusböden, die meisten jedoch gedeihen auf sehr sandigem Boden, manchmal sogar in reinem Sand. Es gibt ausgefallene Arten, die im Binnenland vorkommen, wie etwa *M. neryi* aus Brasilien.

Beschreibung Melocacteen sind kugelige oder kurz zylindrische Pflanzen, die bis 1 m hoch werden können, meist aber kleiner sind und einen Durchmesser von 10 bis 20 cm erreichen. Sie bilden nur einfache Kugelstämme ohne Seitentriebe. Diese sind deutlich gerippt, mit 9 bis 20 meist geraden Rippen, auf denen die ovalen, etwas wolligen Areolen in ca. 2,5 cm Abstand sitzen. Ihnen entspringen bis zu 15 schräg abstehende, leicht gebogene radiale Stacheln, meist sind es jedoch weniger. Die Stacheln sind bis 2,5 cm lang, weiß, grau oder braun. Zentrale Stacheln sind meist 1 bis 4 vorhanden, sie stehen gewöhnlich gerade vom Pflanzenkörper ab und sind etwas länger als die radialen, aber ähnlich gefärbt. Melocacteen ähneln etwas den Cephalocereen und Haageocereen, doch bilden sie echte endständige Cephalien, wie die Abbildung zeigt. Das ständig höher werdende Cephalium besteht aus einer dichten, kompakten Masse von Haaren und borstigen Stacheln. In ihm erscheint nach und nach ein Kranz von kleinen Blüten. Die borstigen Stacheln sind häufig anders gefärbt als die Stacheln auf den Rippen der Stämme. Häufig wird das endständige Cephalium erst nach 10 oder 20 Jahren entwickelt; die Jungpflanzen sehen daher oft völlig anders aus, ganz ähnlich wie andere Kugelkakteen. Die Blüten sind sehr klein, meist leuchtend gefärbt und bleiben ein paar Stunden oder einen ganzen Nachmittag offen. Sie erscheinen jedoch in ununterbrochener Folge, oft täglich, über einen Zeitraum von vielen Wochen oder sogar Monaten während des Sommers und im Herbst. Die in der Folge erscheinenden Früchte sind länglich, glatthäutig, bis 2,5 cm lang und bei Reife meist rosarot gefärbt.

Kultur Die Melocacteen eignen sich nicht für den Anfänger. Sie brauchen fast alle im Winter Temperaturen, die über 10° liegen, besser noch 15° C. Sie sind Flachwurzler, haben aber lange Wurzeln; Wurzellängen bis etwa 3 m sind bekannt. Sie brauchen daher große Halbtöpfe, die weniger tief sind als die üblichen Normaltöpfe. Alle Arten sollten in einer sandigen Humusmischung gezogen werden, wenigstens zwei Teile Sand auf einen Teil Humus; sie müssen während der Wachstumsperiode von Frühjahr bis Herbst sorgfältig gegossen werden. Bei trübem, kühlem Wetter während dieser Zeit ist es besser, überhaupt nicht zu gießen, da sie bei zu starkem Bewässern oder in dauerfeuchtem Boden sehr leicht faulen. Sie wachsen am besten hoch gestellt unter leicht schattiertem Glas. Im Winter sollten sie trocken stehen.

Die Gattung wurde hier aufgenommen, um die Leser vor den Kulturschwierigkeiten zu warnen. Viele Liebhaber möchten sie sicherlich ziehen. Bei entsprechender Erfahrung kann man es durchaus versuchen. Es ist jedoch auf jeden Fall einfacher, erst eine Pflanze ohne Cephalium zu kultivieren. Kauft man eine Pflanze mit Cephalium, so muß man sich versichern, daß das Wurzelsystem intakt ist, sonst stirbt die Pflanze mit Sicherheit ab.

Monadenium schubei

$1^1/_2$ x nat. Gr.

Familie: *Euphorbiaceae*

Vorkommen Arten dieser Gattung kommen hauptsächlich in Ostafrika vor: vom südlichen Tansania nördlich bis Somalia, aber auch in Rhodesien und Zaire (Kongo). Die stärker sukkulenten Arten kommen in den heißesten und sehr trockenen Gebieten vor, während die weniger sukkulenten Arten in Gebieten mit höheren Niederschlägen und ziemlich hohen Temperaturen wachsen.

Beschreibung Die Gattung *Monadenium* umfaßt wiederum Arten von sehr unterschiedlichem Aussehen: es gibt Zwergformen, wie *M. rhizophorum* var. *stoloniferum,* die kaum 2,5 cm hoch werden; sein Stämmchen kriecht ein kurzes Stück und entwickelt dann einen anderen zierlichen Sproß mit 2 bis 4 kleinen, sukkulenten Blättern. Es gibt andere Arten, die sehr fleischige, knollige Wurzeln haben; sie entwickeln entweder aufrechte, beblätterte oder schlangenartige, zylindrische Stämme, auf denen die fleischigen Blätter nach dem Abfallen mehr oder weniger lange, mit feinen Dornen besetzte Höcker hinterlassen. Daneben gibt es strauchige oder baumförmige Arten, die bis 5,5 m hoch werden, wie *M. arborescens.* Wie andere Gattungen innerhalb der Euphorbiaceen führen diese Pflanzen Milchsaft. Bei weitem die meisten Arten haben ein dikkes, knolliges Wurzelsystem; Blätter und Stämme sind fast immer leuchtend grün. Die Pflanzen können durch ihre mützenförmigen Blüten leicht erkannt werden. Nur wenige Arten, wie *M. coccineum,* das, wie der Name schon sagt, rotblütig ist, können als ansehnlich bezeichnet werden. Die Blüten bestehen, wie bei den meisten Euphorbiaceen, nur aus den Organen, die zur Fortpflanzung notwendig sind. Die Blüten können einzeln und ohne deutlich ausgebildeten Stiel oder in verzweigten Blütenständen erscheinen. Einige Arten, wie etwa *M. echinulatum* und *M. magnificum*, haben meist stachelige, grüne, ziemlich lange Blütenstiele. In den mützenförmigen Blüten stehen die kurzen Staubblätter unterhalb des Fruchtknotens; die Frucht ist eine dreifächerige Kapsel; sie trägt oben noch den Griffel, der vorher aus der Blüte herausragt.

Kultur Die meisten Arten brauchen eine sandige Humusmischung, etwas unterdurchschnittliche Bewässerung während der ganzen Zeit zwischen Frühling und Herbst, mit Ausnahme ausgesprochen heißer Tage, an denen etwas mehr gegossen werden könnte. Einige Arten mit dünnen Stämmen und höherem Wuchs, wie etwa *M. laeve,* können auf humusreicherem Boden gezogen werden. Das gleiche gilt für die großen, strauchigen Arten und diejenigen von fast baumförmigem Habitus. Alle, ohne Ausnahme, sollten am besten unter leicht schattiertem Glas stehen. Im Winter brauchen die meisten Arten eine Mindesttemperatur von 10° C oder sogar etwas mehr, vor allem in Zeiten mit erhöhter Luftfeuchtigkeit. Stehen die Pflanzen zu kalt, so faulen sie bei erhöhter Luftfeuchtigkeit. Sie sollten daher während des Winters trocken stehen. Einige Arten können bei höherer Wintertemperatur hin und wieder, jedoch mit Vorsicht, gegossen werden.

Mammillaria hemisphaerica — Warzenkaktus $^1/_2$ nat. Gr.

Familie: *Cactaceae*

Vorkommen Die Gattung ist weit verbreitet, von Meereshöhe bis in recht große Höhen, vom südwestlichen Teil der USA bis nach Mexiko, ihrem Hauptverbreitungsgebiet. Auch in anderen mittelamerikanischen Ländern ist sie zu Hause.

Beschreibung Mammilarien haben kugelige oder kurz zylindrische Triebe, nicht oder sehr reich sprossend, daher manchmal mit vielen hunderten von Köpfen. Sie sind höckerig; die Höcker stehen in Spiralen, niemals in geraden Reihen. Der Saft kann klar oder milchig sein. Meist sind zahlreiche, dünne, radiale, am Pflanzenkörper anliegende Stacheln vorhanden sowie ein oder mehrere Zentralstacheln; letztere sind etwas kräftiger, gerade oder hakenförmig und stehen von der Pflanze ab. Die Stacheln sind sehr unterschiedlich gefärbt. Die Blüten erscheinen in einem oder mehreren Ringen um den Scheitel der Köpfe. Sie erreichen etwa 0,5 bis 2,5 cm Durchmesser und weisen viele Farbtöne auf, außer Blau, das bei Kakteen niemals auftritt. Die Früchte sind länglich, glatt, fleischig, bei Reife gelb, orange oder rot und bis 2,5 cm lang.

Kultur Es ist nahezu unmöglich, hier eine allgemein gültige Kulturanweisung zu geben, aber gewöhnlich brauchen die Arten mit hakenförmigen Stacheln, die auch großblütiger sind, sandigeren Boden und weniger Wasser als die anderen. Im übrigen genügt eine Erdmischung aus etwa gleichen Teilen Sand und Humus. Die Pflanzen sollten unter leicht schattiertem Glas kultiviert werden. Während des Winters ist bei Trockenhaltung eine Temperatur von 10° C ausreichend.

Monanthes polyphylla 1½ x nat. Gr.

Familie: *Crassulaceae*

Vorkommen Im Gegensatz zu *Greenovia* ist diese Gattung auf allen Kanarischen Inseln zu Hause. *M. brachycaulon* kommt auch auf den Salvage-Inseln zwischen Madeira und den Kanaren vor. Die Pflanzen gedeihen von 0 bis 2300 m Höhe.

Beschreibung Sie alle sind sehr kleine Gewächse, die mehr oder weniger reich sprossen; Arten wie *M. polyphylla* und *M. subcrassicaulis* bilden sehr große Polster. Die Rosetten haben, wenn sie entwickelt sind, einen Durchmesser von mehr als etwa 1 cm; während der Ruheperiode sind sie kaum halb so groß. Die sehr fleischigen Blätter sind klein, kahl oder sehr fein samtig behaart und sehr zahlreich pro Rosette. Die Blüten sind gelblich-weiß bis grünlich-braun; sie haben 6 bis 8 schmale Blütenblätter und erreichen ca. 0,5 bis 1,0 cm Durchmesser.

Kultur Die Arten sind meist leicht zu kultivieren; sie bevorzugen eine Bodenmischung aus Sand und Humus, wobei Sand überwiegen sollte. Sie sollten im allgemeinen unter leicht schattiertem Glas gezogen werden; starke Sommerhitze vertragen sie schlecht, man stellt die Pflanzen daher am besten auf den Boden des Gewächshauses in den Schatten einer Stellage. Sie können durchschnittlich gegossen werden. Obwohl sie von Natur aus eigentlich im Winter wachsen, gewöhnen sie sich an unsere Wachstumsperiode zwischen Frühling und Herbst. Im Winter reichen 5° C aus, hin und wieder soll etwas gegossen werden. Bei hoher Luftfeuchtigkeit sind etwas höhere Temperaturen angebracht.

Monvillea saxicola nat. Gr.

Familie: *Cactaceae*

Vorkommen *Monvillea*-Arten kommen in weiten Gebieten Argentiniens, Brasiliens, Paraguays und Perus vor. Sie wachsen an sehr unterschiedlichen Standorten, unter Bäumen, an denen sich die Arten mit schwächeren Stämmen stützen. Eine Art, die auf der kleinen, vor der Küste Brasiliens gelegenen Insel St. Michael's Mount beheimatet ist, wächst und klettert zwischen Felsen.

Beschreibung Monvilleen sind Pflanzen mit säulenförmigen, schlanken Stämmen; sie sind Nachtblüher und meist sehr wohlriechend. Ihre Stämme sind entweder von Grund an oder erst weiter oben verzweigt; manche Arten bilden ausgesprochene Dickichte. Die Stämme sind 5- bis 9rippig; die Rippen sind abgerundet oder etwas kantig, mit kleinen, kreisförmigen Areolen. Manche Arten haben einfarbig dunkelgrüne Stämme, andere sind sehr hübsch bläulich und grünlich weiß gefleckt, z. B. *M. marmorata* und *M. spegazzinii.* Pro Areole sind bis zu zehn dünne, radiale, selten mehr als etwa 1 cm lange Stacheln vorhanden; sie sind weiß, grau oder gelbbraun bis schwarz. Die 1 bis 3 Mittelstacheln sind länger, manchmal bis 2,5 cm lang. Sie sind gerade oder leicht gebogen, ähnlich gefärbt wie die seitlichen und stehen von der Pflanze ab. Die schmal trichterförmigen Blüten, die sich, wie die Abbildung zeigt, weit öffnen, erscheinen in lockerer Folge zwischen Sommer und Herbst; sie sind bis 12,5 cm lang und erreichen 10 cm Durchmesser; ihre Farbe ist weiß oder rosa. Die Früchte sind kugelig oder deutlich länglich, 2,5 bis 7,5 cm lang, bei Reife rötlich, innen fleischig und außen kahl.

Kultur Monvilleen lassen sich besonders leicht kultivieren; als Jungpflanzen stehen sie aufrecht, später müssen sie jedoch gestützt werden. Sie brauchen eine Bodenmischung aus zwei Teilen Humus und einem Teil Sand sowie sehr viel Wasser während der warmen Jahreszeit zwischen Frühling und Herbst. Die meisten Arten gedeihen am besten unter leicht schattiertem Glas. Im Winter ist bei Trockenhaltung eine Temperatur von 10° C ausreichend. Bei höheren Temperaturen sollte etwas gegossen werden, um Schrumpfen zu vermeiden.

Die *Monvillea*-Arten gehören zu den schönsten der nachtblütigen Cereen, obgleich ihre Blüten nicht so groß sind wie bei einigen Hylocereen und Seleniceren; sie blühen jedoch über lange Zeit sehr dankbar. Normalerweise blühen sie während Sommer und Herbst, jedoch haben unsere Exemplare, die wir ausgepflanzt bei freier Wurzelentfaltung kultivieren, nach dem milden Winter von 1973/74 von April bis Oktober Blüten getragen. Es gab wenige Nächte, in denen nicht eine oder mehrere Blüten offenstanden. Diese Art wurde verschiedentlich auch als Varietät zu *M. cavendishii* gestellt.

Myrtillocactus geometrizans — Heidelbeerkaktus $1^1/_2$ x nat. Gr.

Familie: *Cactaceae*

Vorkommen Die Gattung kommt hauptsächlich in Mexiko vor, dort findet man sie entweder im Flachland oder in Gebirgsgegenden, besonders zwischen San Louis Potosi und Oaxaca. Eine Art, *M. cochal,* ist auf der zu Mexiko gehörenden Halbinsel Niederkalifornien beheimatet, während *M. eichlamii* auch außerhalb Mexikos, in Guatemala vorkommt.

Beschreibung Myrtillocacteen sind großwüchsige, verzweigte Pflanzen, von ähnlichem Wuchs wie viele aufrechte *Cereus*-Arten, jedoch werden ihre Stämme selten höher als 4,5 m und kaum dicker als 10 cm. Sie sind deutlich gerippt, doch sind die Rippen nicht so kantig wie bei manchen Cereen. Die Mehrzahl hat ausgesprochen blaugrüne Stämme, einige Arten sind graugrün. Es sind meist 5 bis 6 Rippen vorhanden, je nach Art, die Areolen stehen 0,5 bis 2,5 cm weit auseinander. Bei der abgebildeten Art sind sie deutlich getrennt, bei *M. schenckii* dagegen stehen sie nahe zusammen, sind viel größer und mit schwarzer, fellartiger Wolle besetzt. Die 6 bis 8 ausgebreitet abstehenden radialen Stacheln sind kräftig und werden kaum länger als 1,25 cm, sie sind braun oder schwarz gefärbt. Mittelstachel ist nur einer vorhanden; er ist noch kräftiger als die radialen Stacheln und von gleicher Farbe, steht aber senkrecht vom Pflanzenkörper ab und kann bis 2,5 cm lang sein. Die Blüten erscheinen oft in Büscheln aus den oberen Areolen der Stämme. Bei großen Pflanzen wirken sie ziemlich klein; sie sind ca. 2,5 cm lang, trichterförmig und weit geöffnet. Sie öffnen sich nachts und sind weiß oder manchmal rosa getönt und sehr wohlriechend. Die Früchte sind klein, fast kugelig, bei Reife blau.

Kultur Myrtillocacteen lassen sich genauso leicht kultivieren wie Cereen und Trichocereen. Sie wachsen auf jedem Normalboden und brauchen von Frühling bis Herbst viel Wasser. Im Winter müssen sie jedoch vollkommen anders behandelt werden, da sie bei zu niedrigen Temperaturen leicht Schäden davontragen, vor allem bei hoher Luftfeuchtigkeit. Am besten ist es, wenn die Wintertemperatur nicht unter 10° C absinkt, dann kann man sicher sein, daß die Pflanzen keine unschönen Flecken bekommen, wenn sie trocken gehalten werden. Durch ihre schöne blaue Farbe sind Myrtillocacteen auch beliebte Zimmerpflanzen; stehen sie jedoch in Räumen, deren Temperatur nicht unter 16° C sinkt, so müssen sie hin und wieder zusätzlich gegossen werden, damit sie nicht einschrumpfen. Um die schöne blaue Färbung zu erhalten, brauchen sie möglichst viel Licht; man sollte sie also an einem sonnigen Südfenster ziehen.

Jungpflanzen von *M. geometrizans,* die aus Samen gezogen werden, sind in den ersten paar Jahren stachellos. Da die Pflanzen schnellwüchsig und leicht zu kultivieren sind, werden sie häufig als Pfropfunterlage verwendet. Es muß dann nur beachtet werden, daß sie, ganz gleich, was aufgepfropft wurde, im Winter eine Mindesttemperatur von 10° C oder etwas mehr benötigen.

Neoporteria nigrihorrida

$1^1/_2$ x nat. Gr.

Familie: *Cactaceae*

Vorkommen Neoporterien kommen hauptsächlich in Chile vor. Sie wachsen immer auf wasserdurchlässigem Boden bis in Höhen von 1800 m oder sogar mehr. Ein paar Arten halten dort unter den sehr trockenen, aber recht kalten Bedingungen des Winters aus.

Beschreibung Diese Pflanzen haben kugelige oder kurz zylindrische Stämme, meist mit ca. 10 cm Durchmesser; in einigen Fällen werden sie jedoch bis 1,3 m hoch, z. B. *N. clavata.* Solche Pflanzen haben ein hohes Alter, denn keine der Arten kann als schnellwüchsig bezeichnet werden. Die Pflanzenkörper sind deutlich 10- bis 20rippig, mit geraden oder, wie die Abbildung zeigt, etwas spiralig verlaufenden Rippen. Diese erscheinen etwas höckerig, da die Areolen meist erhöht stehen. Die Areolen sind oval, etwas wollig und stehen etwa 0,5 bis 1 cm auseinander. Die radialen Stacheln sind häufig gebogen, dem Pflanzenkörper mehr oder weniger angeschmiegt, die zentralen sind oft in gleicher Weise gebogen, stehen aber deutlich von der Pflanze ab. Ihre Farbe wechselt von cremeweiß oder goldfarben bis rötlich-braun und schwarz. Meist sind alle Stacheln ziemlich kräftig; Ausnahmen bilden Arten wie *N. gerocephala,* bei denen sie dünn und biegsam sind. Die Blüten erscheinen aus den jüngeren Areolen nahe dem Scheitel der Körper manchmal zu mehreren aus der gleichen Areole. Sie sind trichterförmig oder sie weisen einen inneren Kreis von Petalen auf, die nicht nach außen umgeschlagen sind, so daß sie die Staubblätter und Griffel umschließen. Die Blüten haben 2,5 cm oder weniger Durchmesser; die weiter geöffneten, trichterförmigen dagegen bis 5 cm. Die Blütenfarben reichen von cremeweiß bis zu Rot- und Violettönen. Die relativ kleinblütigen Arten lassen ihre Blüten sehr lange Tag und Nacht geöffnet, die großblütigen dagegen schließen sie während der Nacht.

Kultur Neoporterien sind nicht schwer zu kultivieren, gleich ob es sich nun um aus Samen aufgezogene oder um ausgewachsene Pflanzen handelt, wenn man sie auf sandiger Humuserde zieht und nur gelegentlich bei sehr heißem Wetter bewässert. Sonst ist Vorsicht angebracht, besonders bei allen Arten mit langen Pfahlwurzeln. (Dieser Rat sollte bei allen Kakteen mit Pfahlwurzeln befolgt werden!) Sie wachsen auf den obersten Hängetischen unter leicht schattiertem Glas besonders gut; haben sie erst einmal nach vier bis fünf Jahren das blühfähige Stadium erreicht, so können die dicht bestachelten Arten auch in voller Sonne stehen. Wir haben jedoch festgestellt, daß selbst diese Arten unter leicht schattiertem Glas sehr gut gedeihen und blühen. Im Winter müssen sie immer trocken stehen und sind so bis zu 5° C absinkenden Temperaturen sicher. Bei hoher Luftfeuchtigkeit sollte man sie etwas wärmer halten.

Die Experten streiten sich immer noch darüber, ob in diese Gattung nicht andere einbezogen werden sollen, wie etwa *Neochilenia, Pyrrhocactus, Horridocactus* usw. Das macht natürlich die Sache für den Amateur nicht gerade einfacher. Es sollte noch erwähnt werden, daß außer der normalen Blütezeit im Frühling einige Arten auch nochmals im Herbst blühen.

Notocactus megapotamicus

2 x nat. Gr.

Familie: *Cactaceae*

Vorkommen Notocacteen sind in Südbrasilien, Nordargentinien, Uruguay und Paraguay zu Hause; sie wachsen auf steinigem oder sandigem Boden, aber auch auf grasbewachsenen, sandigen Berghängen.

Beschreibung Notocacteen haben unterschiedliche Wuchsformen; manche sind klein und kugelig-abgeflacht, andere werden im Alter fast säulenförmig. Die größte der letztgenannten Arten ist der bekannte *N. leninghausii,* der bis 1 m hoch und 10 cm dick werden kann. Die kleinerwüchsigen Arten haben geringeren Stammdurchmesser. Notokakteen haben einfache oder verzweigte gerippte Stämme; die 10 bis 30 Rippen sind abgeflacht, mit flachen Warzen, auf denen die Areolen sitzen. Die Areolen stehen nahe zusammen, sie tragen bis zwanzig borstenartige, radiale, weiße oder gelbe bis braun getönte Stacheln von etwa 0,5 bis 1 cm Länge. Zentrale Stacheln sind bis zu sechs vorhanden, sie sind ebenfalls ziemlich dünn, oft etwas gebogen und von der Pflanze abstehend. Sie sind bis doppelt so lang wie die radialen und von ähnlicher Farbe. Einige Arten, wie *N. haselbergii* und *N. scopa* sind so dicht bestachelt, daß der Pflanzenkörper nicht mehr zu sehen ist. Die nahe dem Scheitel erscheinenden Blüten können klein sein, mit ca. 1 cm Durchmesser (bei *N. haselbergii*) oder groß, mit einem Durchmesser bis zu 7,5 cm. Sie sind rot oder gelb, gewöhnlich trichterförmig und bei einigen Arten weit geöffnet. Die Blütenröhre ist am Grunde außen schuppig sowie mit Haaren und borstigen Stacheln besetzt, die die gleiche Farbe aufweisen wie die Stacheln an den übrigen Teilen der Pflanze. Die Früchte sind ebenfalls borstig, ziemlich klein und im reifen Zustand innen trocken.

Kultur Notocacteen sind sehr leicht zu kultivieren; die Mehrzahl der Arten kommt innerhalb von drei Jahren zum Blühen; manche sind, selbst ohne Blüten, durch ihre Bestachelung sehr hübsch. Sie gedeihen in einer Bodenmischung aus gleichen Teilen Sand und Humus und brauchen bei warmem Wetter in der Zeit vom Frühling bis Herbst viel Wasser. Man sollte sie unter leicht schattiertem Glas halten. Bei völligem Trockenstand reichen im Winter 8° C, bei manchen Arten sogar weniger aus.

Die Gattung *Notocactus* eignet sich ganz besonders gut für Anfänger, da viele Arten an sonnigen Fenstern gut gedeihen und reichlich blühen. Unter dem Namen *Brasilicactus* geführte Arten gehören zur Gattung *Notocactus.*

Opuntia basilaris var. **ramosa** — Feigenkaktus $1^1/_2$ x nat. Gr.

Familie: *Cactaceae*

Vorkommen Opuntien sind wohl die am weitesten verbreitete Gattung der Kakteen. Sie wachsen von Meeresnähe bis in Höhe von 2750 m; ihr Areal reicht von Kanada und den USA über Mittelamerika, Westindien und große Teile Südamerikas bis zu den Galapagos-Inseln und zur Südspitze Amerikas nach Feuerland. Einige Arten können Temperaturen von –18° C ertragen, während andere, z. B. von den Westindischen Inseln, schon bei Temperaturen um den Gefrierpunkt absterben.

Beschreibung Die Gattung kann in drei Gruppen eingeteilt werden: *Platyopuntia,* mit ähnlichem Wuchs wie die abgebildete Art; *Cylindropuntia* mit zylindrischen statt flachen Stämmen; *Tephrocactus* von niedrigem Wuchs, mit zahlreichen eiförmigen Stammgliedern. Es gibt kleine Arten, die als niedrige Polster wachsen, niederliegende Typen und andere von nahezu baumförmigem Aussehen und entsprechender Größe. Die Areolen sind bei allen Typen mit Glochiden besetzt; dies sind kleine, mit Widerhaken versehene, meist in Büscheln stehende Borsten. Manche *Opuntia*-Arten, wie etwa die abgebildete, haben nur Glochiden, andere dagegen einen oder mehrere Stacheln, die häufig sehr lang sind und ebenfalls Widerhaken tragen. Die Färbung der leicht abbrechenden Glochiden und Stacheln kann weiß bis rötlich braun sein. Manchmal brechen auch die ganzen Glieder ab, wenn die Stacheln im Fell von Tieren oder im Finger des Kakteenbesitzers steckenbleiben. Auf diesem Wege versichert sich die Natur der Weiterverbreitung der Arten. Die Blüten erscheinen aus den Areolen; bei den Platyopuntien stehen sie an den Rändern der flachen Stammglieder. Sie können viele Farben außer Blau haben, manche Arten haben sogar Blüten in verschiedenen Farben. Die Blüten öffnen sich meist weit und bleiben zwei Tage so. Am Grunde der Blüten sitzt der Fruchtknoten, der nach der Bestäubung anschwillt und zahlreiche, ziemlich große Samen im Fruchtfleisch enthält. Die Blüten fallen ab und hinterlassen auf den eiförmigen Früchten eine ringförmige Vertiefung. Bei Reife sind die Früchte gelb bis rot oder purpurn. Die Oberfläche ist mit Glochiden besetzt, man muß sie also mit Vorsicht behandeln.

Kultur Opuntien lassen sich, mit wenigen Ausnahmen, sehr leicht kultivieren; die meisten brauchen etwas humusreichen Boden, vielen genügt jedoch gewöhnliche Gartenerde. Die meisten Arten wachsen als Jungpflanzen am besten unter leicht schattiertem Glas; sie können jedoch nach drei oder vier Jahren volle Sonne vertragen. Während der warmen Jahreszeit vom Frühling bis Herbst brauchen sie viel Wasser. Eine Mindesttemperatur für den Winter läßt sich nicht allgemeingültig angeben; es hängt dies ganz von der Herkunft der jeweiligen Art und ihren klimatischen Ansprüchen ab. Jedoch sind die meisten Arten, mit Ausnahme einiger aus tropischen Gebieten, noch bei einer Temperatur von 8° C völlig sicher; viele Arten überstehen bei völliger Trockenheit sogar Fröste.

Opuntien werden häufig als »Indische Feige« oder »Feigenkaktus« bezeichnet. Die Früchte vieler Arten sind eßbar, vor allem diejenigen der großwüchsigen Arten, wie etwa *O. ficus-indica.*

Oreocereus doelzianus

nat. Gr.

Familie: *Cactaceae*

Vorkommen Arten dieser Gattung kommen in den Tälern der Anden in Argentinien, Bolivien, Chile und im südlichen Peru bis in Höhen von 2750 m vor. Sie wachsen häufig auf sehr steinigem und felsigem Boden.

Beschreibung Oreocereen haben ziemlich aufrechte, säulenförmige Stämme von meist nicht mehr als 1 m Länge; im Alter sind sie oft von Grund an locker verzweigt. Die Stämme haben 9 bis 17 abgerundete Rippen, auf denen die Areolen durch eine quer verlaufende Kerbung getrennt sind. Die Areolen tragen steife Stacheln und Haare; bei manchen Arten in so großer Zahl, daß der grüne Pflanzenkörper darunter völlig verschwindet. Die Blüten erscheinen aus den Areolen unter dem Gipfel der Stämme oder direkt an der Spitze, wie bei der abgebildeten Art. Sie sind trichterförmig, rot bis ziegelrot, 7,5 bis 10 cm lang und bleiben zwei Tage lang offen. Die Früchte sind klein, kugelig, meist locker behaart; sie öffnen sich an der Basis.

Kultur Oreocereen sind vielfach in Kultur, meist wegen ihres hübschen Aussehens, weniger ihrer Blüten wegen, da sie sehr lange brauchen, um zum Blühen zu kommen. Sie benötigen gut durchlässigen Boden und viel Wasser an heißen Tagen in der Zeit zwischen Frühjahr und Herbst. Im Winter sollten sie bei einer Temperatur von 8° C trocken stehen. Bei geringer Luftfeuchtigkeit schaden auch niedrigere Temperaturen nicht, da die Pflanzen aus Gebirgen kommen. Die dicht behaarten Arten sind am natürlichen Standort Nachtfröste gewöhnt, jedoch ist dort die Luftfeuchtigkeit sehr gering. Jungpflanzen zieht man am besten unter leichtem Schatten, ältere Pflanzen können durchaus in voller Sonne stehen, selbst wenn sie in tropischen Gebieten kultiviert werden. Wenn ein Exemplar erst einmal vier oder fünf Jahre alt ist, so gedeiht es am besten ausgepflanzt bei freier Wurzelentfaltung; die Wurzeln können so nach allen Seiten wachsen, was in Töpfen unmöglich ist. Im allgemeinen sind Oreocereen in diesem Alter anfälliger gegen Insektenbefall.

O. doelzianus ist auch unter dem Namen *Morawetzia doelziana* bekannt.

Oscularia caulescens $1^1/_2$ x nat. Gr.

Familie: *Ficoidaceae*

Vorkommen Die Gattung kommt hauptsächlich im südlichen Teil der Kap-Provinz in Südafrika vor.

Beschreibung Die *Oscularia*-Arten sind sehr kleine, reich verzweigte Sträuchlein, kaum mehr als 15 cm hoch, aber ziemlich große, flache Büsche bildend. Die verholzten Stämmchen der älteren Pflanzen sind grau; die Blätter können graugrün bis blaugrün gefärbt sein, wie auf der Abbildung. Die Blätter stehen meist in etwa drei Paaren gedrängt. Sie sind bis 2 cm lang, dreikantig, gekielt und haben eine etwas gewölbte Oberseite. Die Blattoberfläche ist glatt, an den Blatträndern stehen gegen die Spitze zu einige kurze Zähnchen. Die Blüten erscheinen sehr zahlreich aus jedem Kurztrieb; sie haben etwa 1 cm Durchmesser und sind rosa gefärbt. Die Staubblätter bleiben aufrecht stehen und umschließen den Griffel.

Kultur Die wenigen Arten dieser Gattung lassen sich alle leicht kultivieren. Jeder Boden, der sich beim Austrocknen nicht zu sehr verfestigt, sagt ihnen zu. Sie sind vom Frühjahr bis zum Herbst durchschnittlich zu gießen. Im Gegensatz zu anderen Vertretern der *Mesembryanthemen* werden diese Pflanzen bei zu häufigem Gießen nicht allzu unansehnlich. Sie wachsen unter leicht schattiertem Glas oder in voller Sonne gleich gut. Im Winter sollten sie trocken stehen, eine Mindesttemperatur von 5° C ist ausreichend. Die Pflanzen werden meist durch Stecklinge vermehrt.

Pedilanthus carinatus 3 x nat. Gr.

Familie: *Euphorbiaceae*

Vorkommen Die Gattung kommt in Westindien, Teilen Mittelamerikas, in Mexiko und Kalifornien vor.

Beschreibung Es handelt sich bei allen Arten dieser Gattung um locker verzweigte Sträucher von ca. 1 m Höhe; sie sind blattlos oder beblättert. Die »blattlosen« Arten sind nicht sukkulent und entwickeln nur während der Wachstumsperiode Blätter. Manche Arten wachsen ziemlich aufrecht und sind buschig verzweigt; einige andere dagegen haben sehr dünne, zeitweise blattlose Stämmchen, die meist niederliegen. Die zylindrischen Stämme sind entweder grün oder bläulich grün-grau, wie bei *P. macrocarpus,* sie können etwa 0,5 bis 1 cm dick sein. Die Blätter, soweit vorhanden, sind 2,5 bis 10 cm lang und bis zu einem Drittel so breit, ebenfalls grün. Die »Blüten«, die wie bei der Gattung *Euphorbia* nur aus den Grundelementen bestehen, erinnern an Vögel. Sie sind rosa bis rot gefärbt und etwa 1 bis 2,5 cm lang.

Kultur Alle Arten mit Ausnahme von *P. macrocarpus,* das durchlässigen Boden und weniger Wasser von Frühjahr bis Herbst braucht, sind sehr leicht zu kultivieren. Bei sehr heißem Wetter kann etwas mehr gegossen werden; im Winter kann diese Art bei 8° C oder sogar weniger trocken gehalten werden. Die Mehrzahl der anderen Arten braucht besseren Boden, mehr Wasser und leichten Schatten. Sie müssen vom Frühjahr bis zum Herbst reichlich gegossen werden. Im Winter sollte die Temperatur nicht unter 10° C fallen, gelegentlich muß gegossen werden.

Parodia penicellata

2 x nat. Gr.

Familie: *Cactaceae*

Vorkommen Parodien kommen im nördlichen Argentinien, Teilen Boliviens und Paraguays und im südlichen Brasilien vor. Sie wachsen dort von den Ebenen bis in 2800 m Höhe, auf steinigem Boden, manchmal zwischen Gras oder auch in Felsspalten.

Beschreibung Die Arten der Gattung *Parodia* sind kleinwüchsig, meist unverzweigt; sie können abgeflacht-kugelig bis kurz zylindrisch sein. Sie sind deutlich gerippt, mit erhöht stehenden Areolen, so daß sie fast höckerig erscheinen. Die ca. 20 Rippen verlaufen gerade oder spiralig. Die Areolen sind klein, meist rund und weiß-wollig; sie tragen bis 40 radiale, schräg abstehende und 1 bis 5 zentrale Stacheln, von denen einer meist hakenförmig gebogen ist. Die radialen Stacheln sind etwa 0,5 bis 1 cm lang, bei den Arten mit hakenförmigem Mittelstachel oft durchscheinend weiß. Bei diesen Arten sind die zentralen Stacheln oft anders gefärbt, nämlich braun oder rötlich-braun, manchmal mit dunkleren Spitzen. Die jungen Areolen sind bei vielen Arten dichter wollig als die älteren. Die Blüten erscheinen im Spätfrühling oder Frühsommer. Die Blütenknospen sind schuppig behaart und mit zahlreichen borstigen Stacheln besetzt. Die Blüten sind bei den Arten mit hakenförmigen Stacheln meist trichterförmig und weit offen; bei anderen Arten, wie etwa *P. chrysacanthion* sind sie röhrenförmig und wegen der dichten Bestachelung der Pflanzenkörper nicht weit geöffnet. Die Blütenfarben reichen von Gelb über Orange bis zu verschiedenen Rottönen. Die Früchte sind klein, trocken, mit borstigen Stacheln bedeckt.

Kultur Alle Parodien sind sehr blühfreudig; mit wenigen Ausnahmen, wie etwa *P. chrysacanhtion* und *P. penicellata* (siehe Abbildung) wachsen sie bei Aufzucht aus Samen die ersten beiden Jahre sehr langsam. Die Sämlinge sind sehr klein, daher läßt man sie am besten zwei Jahre lang im Aufzuchtbeet, denn die Wurzeln werden sonst zu leicht verletzt. Die beiden genannten Arten und noch ein oder zwei andere, die alle größere Samen haben, lassen sich genauso leicht wie *Rebutia*- und *Notocactus*-Arten aus Samen ziehen. Blühfähige *Parodia*-Pflanzen brauchen eine Bodenmischung aus etwa gleichen Teilen Sand und Humus, bei warmem Wetter durchschnittliche Bewässerung vom Frühling bis zum Herbst. Sie gedeihen am besten unter leicht schattiertem Glas und sind sehr blühfreudig. Im Winter reichen bei Trockenstand für die meisten Arten 5° C aus.

Parodien blühen mit Sicherheit jedes Jahr; die meisten Arten blühen ab dem vierten oder fünften Jahr. Einige Arten sind frosthart, wenn sie völlig trocken stehen, so z. B. die abgebildete Art und *P. mutabilis,* die beide aus einer kühlen Gegend bei Salta kommen.

Pediocactus knowltonii

2 x nat. Gr.

Familie: *Cactaceae*

Vorkommen Die *Pediocactus*-Arten sind in Nordamerika beheimatet, wo sie nördlich bis Idaho und Montana und südlich bis nach Neu-Mexiko und Arizona verbreitet sind; sie wachsen oft in größeren Höhen zwischen 1200 und 3000 m.

Beschreibung Pediokakteen haben kugelige bis kurz zylindrische Körper, die einzeln oder locker sprossend in Gruppen wachsen; sie sind jedoch immer relativ klein. Jeder Trieb ist höckerig und rippenlos. Die Stacheln liegen oft flach am Pflanzenkörper an, sie sind 0,5 bis 2,5 cm lang, nadelartig und verschieden gefärbt. Die Blüten erscheinen nahe des Scheitels der Pflanzenkörper, sie erreichen 1 bis 2,5 cm Durchmesser und sind trichterförmig, weiß, cremeweiß oder blaßrosa. Die Früchte sind klein, eiförmig und glatt, bei Reife gelbbraun.

Kultur Obgleich einige Pediokakteen aus sehr kalten Gegenden stammen und im Winter Schnee und scharfen Frost ertragen, so müssen doch alle auf gut durchlässigem Boden gehalten werden, vor allem, wenn man statt Ton- Plastiktöpfe benützt. Eine Bodenmischung aus zwei Teilen Kiessand und einem Teil Humus ist am geeignetsten. Es muß immer sehr vorsichtig gegossen werden. Nach unserer Erfahrung wachsen und blühen *Pediocactus*-Arten besonders gut auf den höheren Stockwerken der Stellagen im Gewächshaus, allerdings muß das Glas leicht schattiert sein. Hält man sie trocken, so reichen für die meisten Arten 5° C oder sogar weniger zum Überwintern aus. *P. simpsonii* und seine Verwandten können im Freiland kultiviert werden.

Pereskia aculeata 1½ x nat. Gr.

Familie: *Cactaceae*

Vorkommen *Pereskia*-Arten kommen hauptsächlich in Westindien, Mittel- und Südamerika vor.
Beschreibung Die Arten der Gattung *Pereskia* sind dicht beblätterte Sträucher mit stark verholztem Hauptstamm; die Stacheln stehen paarweise in den Blattachseln. Die Blätter fallen ab, sie sind manchmal etwas sukkulent, verschieden geformt und bis 7,5 cm lang. Die wohlriechenden Blüten stehen einzeln oder zu mehreren in Rispen; sie sind weit geöffnet, haben zahlreiche Staubblätter und sind gelb, orange oder rosa gefärbt; ihr Durchmesser beträgt 2,5 bis 7 cm. Die Früchte sind meist kugelig und glatt, 2,5 bis 5 cm im Durchmesser und bei Reife gelb.
Kultur Pereskien lassen sich sehr leicht kultivieren; sie brauchen in der Zeit vom Frühling bis zum Herbst viel Wasser und wachsen auf fast jedem Boden. Das Wurzelsystem ist stark entwickelt, so daß sie große Töpfe brauchen; Kultur ohne Töpfe ist vorzuziehen. Arten, die erst im Spätherbst blühen, brauchen ausreichend Wärme und Wasser, um sich vor Winterbeginn zu entwickeln. Dann kann man das Gießen einstellen und die Blätter fallen ab. Viele Arten können, wenn sie erst einen holzigen Stamm gebildet haben, bei 8° C oder noch geringerer Temperatur überwintern. Jungpflanzen sollte man bei 10° C überwintern und manchmal gießen.
Man nimmt an, daß sich die übrigen Kakteen aus den Pereskien entwickelt haben, da diese die am wenigsten sukullenten Formen aufweisen und normal beblättert sind.

Peperomia asperula

$1^1/_2$ x nat. Gr.

Familie: *Piperaceae*

Vorkommen Die Gattung *Peperomia* kommt mit dem größten Teil ihrer Arten in Südamerika vor. Viele davon sind nicht sukkulent und wachsen epiphytisch in Tropenwäldern. Die für den Sukkulentenliebhaber interessanten Arten kommen an trockenen Standorten in Kolumbien, Peru, Bolivien, Paraguay und Argentinien vor.

Beschreibung Peperomien sind kleinwüchsige Pflanzen; sie sind selten höher als 15 cm, häufig niedriger. Die Jungpflanzen sind aufrecht, die älteren Exemplare sind oft niederliegend und reich verzweigt. Die Stämmchen sind entweder schon am Grunde verzweigt oder sie verzweigen sich erst dort, wo ein altes Stammstück nach dem Abfall des kurzen, endständigen Blütenstandes abstirbt. Die Stämmchen sind bei Arten wie *P. nivalis* sehr schlank, bei anderen jedoch, z. B. bei *P. dolabriformis* und der abgebildeten Art werden sie bis zu etwa 1 cm dick. Sie sind gewöhnlich graugrün und können im Alter braun werden. Auf der Abbildung ist deutlich zu sehen, daß diese Stämmchen mit überkreuz stehenden Blattpaaren besetzt sind. Die Blätter sind fleischig-sukkulent, fast immer mit eingesenkter, gefensterter Oberseite. *P. dolabriformis* hat schlanke, vertikal abgeflachte, keilförmige Blätter, während die meisten Arten diesbezüglich mehr der *P. asperula* entsprechen. Die Farbe wechselt von grün bis puderig graublau, die gefensterten Oberflächen sind jedoch meist glänzend. Die Blütenähre erscheint am Ende eines Stämmchens und ist recht unscheinbar. Auf den ersten Blick ähnelt sie einem sehr schlanken, kleinen Zapfen, sie besteht jedoch aus zahlreichen kleinen, grünlich- oder gelblich-weißen, dicht zusammen stehenden Blüten.

Kultur Peperomien sind nicht schwierig zu kultivieren, obwohl eine Minimaltemperatur von 10° C am besten geeignet ist, um hübsche Pflanzen aufzuziehen. Man sollte etwas gießen, um Blattfall und Absterben der Stämmchen zu vermeiden. Peperomien gedeihen gut in einer Mischung aus etwa gleichen Teilen Sand und Humus, sie sollten unter leicht schattiertem Glas stehen und in der Zeit vom Frühling bis Herbst ausreichend gegossen werden. Man vermehrt sie meist durch Stecklinge, die sich innerhalb einer Woche bewurzeln. Die Stecklinge brauchen vor dem Pflanzen, je nach Stammdicke, nur 4 bis 7 Tage getrocknet zu werden. Manche Arten wuchern leicht, es ist daher empfehlenswert, alle blühenden Triebe abzuschneiden; so bewahren die Pflanzen ihr hübsches, buschiges Aussehen.

Es werden eine ganze Anzahl von *Peperomia*-Arten kultiviert, viele davon als Zimmerpflanzen, doch handelt es sich meist nur um halbsukkulente Vertreter mit anderem Blattbau als bei den oben genannten. Diese Arten brauchen mehr Wasser als die hier aufgeführten. Es ist interessant, daß bei vielen *Peperomien* die geriebenen Blätter ganz ähnlich wie Anis riechen.

Pleiospilos bolusii — Lebende Steine

1½ x nat. Gr.

Familie: *Ficoidaceae*

Vorkommen Die Mehrzahl der Arten dieser Gattung ist in der Kap-Provinz in Südafrika zu Hause. Einige Arten wachsen in der Karru; eine Art, *P. borealis,* stammt aus dem Oranje-Freistaat. Fast alle Arten wachsen auf sehr sandigem oder steinigem Boden in Gebieten mit geringen Regenfällen, meist in niederen Lagen.

Beschreibung Die Arten der Gattung *Pleiospilos* gehören zu den stammlosen Mesembryanthemen mit stark sukkulenten Blättern. Die meisten Arten bilden im Lauf der Zeit kleine Gruppen, die aus wenigen Trieben bestehen. Jeder Trieb entwickelt ein bis zwei Blattpaare, seltener sind es drei oder vier. Die Blätter werden bei manchen Arten sehr dick, wie etwa bei der abgebildeten; sie können bis 7,5 cm lang und fast ebenso breit werden. Die Oberseite ist flach, die Unterseite dagegen stark gewölbt, die Blattspitze kann abgestutzt oder scharf zugespitzt sein. Bei manchen Arten sind die Blätter deutlich länglich; die Blattoberfläche kann glatt oder etwas rauh sein, immer ist sie mit durchscheinenden Punkten bedeckt. Die Blüten erscheinen im Herbst und Frühwinter. Es wird pro Trieb eine gebildet oder es erscheinen bis zu vier hintereinander zwischen ein und demselben Blattpaar; sie erreichen bis zu 10 cm Durchmesser. Die Blütenblätter sind immer schmal, wie bei der abgebildeten Art, ihre Färbung reicht von rein weiß bis gelb oder gelblich orange, am Grunde sind sie blasser. Die Blüten sind häufig wohlriechend, ihr Geruch erinnert an Kokosnüsse.

Kultur Die meisten Arten lassen sich leicht kultivieren, doch wie bei anderen Gattungen aus dieser Gruppe sind sie sehr empfindlich gegen zu viel Nässe; in diesem Fall werden sie unmäßig dick und verlieren ihr natürliches Aussehen. Sie können in einer Mischung aus zwei Teilen grobem Sand und einem Teil Humus gezogen werden; man muß während der Zeit vom Frühling bis Herbst sehr vorsichtig gießen, um die typische Wuchsform zu erhalten. Bleiben sie im Winter trocken, so reichen 5° C aus. Wir ziehen die meisten Arten ohne Töpfe. Bei dieser Kultur blühen einige ununterbrochen von August bis nahezu Weihnachten, wie es auch bei der Gattung *Glottiphyllum* der Fall ist. Die Pflanzen können durchaus in voller Sonne stehen, doch erzielt man auch unter leicht schattiertem Glas sehr gute Erfolge.

Die meisten *Pleiospilos*-Arten entwickeln ein sehr kräftiges Wurzelsystem; sie haben starke, dicke Seitenwurzeln, daher dürfen die Töpfe auf keinen Fall zu klein sein. Wenn man die Pflanzen umtopft, ist es ratsam, einige Wurzeln zurückzuschneiden, damit man keinen allzu großen Topf benötigt. Wenn man die Pflanzen zurückgeschnitten hat, sollte man sie eine Woche lang an einem warmen aber etwas schattigen Ort ruhen lassen, damit sich an den abgeschnittenen Wurzelenden Kallus bilden kann.

Piaranthus foetidus var. **diversus** 1½ x nat. Gr.

Familie: *Asclepiadaceae*

Vorkommen Arten dieser Gattung kommen in großen Gebieten der Kap-Provinz in Südafrika und in Südwest-Afrika vor. Sie bevorzugen ähnliche Standorte wie die früher erwähnten Arten der Gattung *Duvalia;* sie wachsen gewöhnlich unter Büschen auf sandigem Boden.

Beschreibung Sie sind den Duvalien im Wuchs sehr ähnlich. Die niederliegenden und kriechenden Pflanzen setzen sich aus zahlreichen, eiförmigen, 2,5 bis 5 cm dicken Gliedern zusammen. Die Glieder oder Stämmchen sind meist vier- oder fünfkantig, grün oder grünbraun, glatt, aber etwas höckerig, mit vier oder fünf kleinen Zähnchen an jeder Kante. Im Spätsommer und Herbst erscheinen die Blüten zu mehreren auf etwa 1 bis 2,5 cm langen Stielen. Wie bei anderen Asclepiadaceen sind die Blüten gewöhnlich fünfzipfelig, sternförmig und haben einen Durchmesser von ca. 2,5 cm. Die Oberseite der Blütenblätter ist meist weich samtig behaart, gelblich weiß, gelb, dunkel purpurn oder auch in mehreren dieser Farben gemustert. Die Samenkapseln gleichen einem Hornpaar, die Samen werden vom Wind verbreitet.

Kultur Alle Arten wachsen und blühen leicht; man zieht sie auf einer Mischung von etwa gleichen Teilen Sand und Humus. Sie gedeihen am besten unter leicht schattiertem Glas und brauchen durchschnittliche Wassermengen vom Frühling bis Herbst. Bei Trockenhaltung reichen für alle Arten im Winter 5° C aus.

Pyrrhocactus bulbocalyx nat. Gr.

Familie: *Cactaceae*

Vorkommen Pyrrhocacteen kommen vor allem im nördlichen Argentinien und ebenso auf der anderen Seite der Anden in Chile vor; sie wachsen bis in Höhen von 2750 m.
Beschreibung Pyrrhocacteen haben einfache, unverzweigte, kugelige oder kurz zylindrische Körper mit durchschnittlich 12 bis 20 sehr ausgeprägten, kantigen Rippen. Die Areolen sind rund oder oval und ziemlich groß. Da sie auf den Rippen etwas erhöht sitzen, entsteht der Eindruck von Höckern. Die meist 10 bis 20 Stacheln sind kräftig, am Grunde etwas verdickt und deutlich als radiale und zentrale zu unterscheiden. Die radialen Stacheln sind etwas kürzer als die zentralen und mehr oder weniger horizontal abstehend; die 1 bis 4 zentralen dagegen stehen vom Pflanzenkörper gerade ab und werden 2,5 bis 4 cm lang. Die Blüten sind trichterförmig, vielfach nur halb geöffnet, wie auf der Abbildung. Sie erscheinen in der Nähe des Scheitels der Körper. Sie sind gelb oder rot und 2,5 bis 6 cm lang.
Kultur Pyrrhocacteen sind ziemlich langsamwüchsig, sie brauchen daher einen Kompost mit einem ziemlich großen Sandanteil und durchschnittliche Wassermengen vom Frühling bis zum Herbst. Bei trübem Wetter sollte man jedoch auch während dieser Monate das Gießen einstellen. Verwendet man Plastiktöpfe, sollte die Bodenmischung noch durchlässiger sein. Die Pflanzen gedeihen im Gewächshaus auf den obersten Stellagen unter leicht schattiertem Glas sehr gut. Hält man sie trocken, reichen im Winter 5° C für alle Arten aus.

Rathbunia alamosensis

nat. Gr.

Familie: *Cactaceae*

Vorkommen Rathbunien sind in den heißen, trockenen Gegenden Mexikos, vor allem in Sonora und Sinaloa zu Hause; sie bilden undurchdringliche Dickichte.

Beschreibung Junge Rathbunien wachsen bis zu einer Höhe von 1 bis 8 m aufrecht, wie viele *Harrisia*-Arten, dann hängen sie jedoch nach unten und verzweigen sich nach allen Seiten. Die zylindrischen Stämme haben 4 bis 8 abgerundete Rippen und sind 2,5 bis 7,5 cm dick. In den Areolen stehen meist 10 bis 16 Stacheln zusammen; sie sind hart, die radialen sind aufrecht, grau bis braun gefärbt. Die Blüten sehen recht ungewöhnlich aus; sie erscheinen nahe dem Stammende und haben die Form einer Röhre, die etwas schuppig ist und am Grunde borstige Stacheln trägt. Die Blüten sind bis 10 cm lang, die Blütenblätter rollen sich nach hinten zurück, so daß die zahlreichen Staubblätter und der Griffel herausragen. Blütenröhre und Kronblätter sind rosa bis rot gefärbt. Die Früchte sind kugelig, 2,5 bis 4 cm dick, rot und etwas stachelig.

Kultur Obwohl sie aus etwas trockeneren Gebieten als die meisten Harrisien kommen, stellen *Rathbunia*-Arten in Kultur die gleichen Ansprüche an Boden, Bewässerung und Wintertemperatur wie diese. Sind sie während des Winters einer Temperatur von 8° C oder weniger und hoher Luftfeuchtigkeit ausgesetzt, so können sich leicht orange Flecken bilden, die ein schönes Exemplar schnell unansehnlich machen. Rathbunien blühen während des Sommers, wenn sie eine Höhe von 45 cm erreicht haben.

Rebutia spegazziniana var. **atroviridis** 2 x nat. Gr.

Familie: *Cactaceae*

Vorkommen Arten dieser Gattung kommen hauptsächlich im nordwestlichen Teil Argentiniens und in Bolivien vor. Sie wachsen zwischen Gras und in Felsspalten bis in Höhen von ca. 3050 m.

Beschreibung Rebutien sind kleinwüchsige, meist reichlich sprossende Pflanzen; ihre Triebe sind meist abgeflacht-kugelig oder kurz zylindrisch. Die Rippen sind nicht deutlich ausgeprägt, aber die Areolen stehen etwas erhöht und sind häufig spiralig angeordnet wie bei *Mammillaria*. Die Blüten sind klein, trichterförmig und bleiben zwei Tage und Nächte geöffnet; sie erscheinen gewöhnlich an allen Seiten am Grunde der Triebe. Nur wenige Blüten werden länger oder breiter als 2,5 cm: sie zeigen aber eine recht große Farbenvielfalt mit Ausnahme von Blau und erscheinen im Frühjahr.

Kultur Rebutien lassen sich sehr leicht kultivieren, sie eignen sich sehr gut für sonnige Fenster; sie brauchen viel Blattkompost im Boden und reichlich Wasser bei warmer Witterung vom Frühling bis Herbst. Wenn man sie trocken hält, so ertragen sie im Winter recht niedrige Temperaturen, teilweise sogar unter dem Gefrierpunkt. Jungpflanzen wachsen am besten unter leicht schattiertem Glas.

In der Gattung *Rebutia* sind heute viele Arten vereinigt, die früher unter anderen Gattungsnamen geführt wurden, so etwa *Aylostera, Cylindrorebutia, Digitorebutia, Mediolobivia* und *Sulcorebutia.* Die Unterschiede sind zu geringfügig, um diese Gattungen abzutrennen.

Rhipsalidopsis rosea — Osterkaktus (Hybride) 1/2 nat. Gr.

Familie: *Cactaceae*

Vorkommen Die reine Art kommt in den tropischen Waldgebieten von Südbrasilien vor. Sie wächst dort auf Bäumen in Astgabeln; es handelt sich also um einen echten epiphytischen Kaktus.

Beschreibung *R. rosea* und die verschiedenen Hybridformen sind leicht buschig mit reich verzweigten, in den ersten paar Jahren aufrechten, später hängenden Ästen. Die abgeflachten Glieder, die in den Areolen einige Borstenhaare tragen, sind selten länger als 2,5 cm, sie sind bläulich-grün und je nach Sonnenbestrahlung manchmal leicht purpurn überlaufen. Die etwa 4 cm langen Blüten erscheinen an den Enden der Stammglieder in dichter Folge von Spätfrühling bis in den Frühsommer. Die Früchte sind klein und purpurrot gefärbt.

Kultur *R. rosea* und die Kulturformen lassen sich ausgesprochen leicht kultivieren; sie brauchen humusreichen Boden und können ansonsten wie *Aporocactus flagelliformis* behandelt werden. Da sich die Pflanzen durch ihre üppige Blütenpracht sehr verausgaben, ist es ratsam, sie einige Monate lang nach der Blütezeit zusätzlich mit einem für Zimmerpflanzen üblichen, flüssigen Dünger zu versorgen.

Der Name Osterkaktus wird ebenfalls für *Schlumbergera,* einen anderen, gleichfalls sehr schön blühenden Kaktus gebraucht.

Sceletium compactum

2 x nat. Gr.

Familie: *Ficoidaceae*

Vorkommen Diese Gattung ist in Südafrika in großen Gebieten der Kap-Provinz einschließlich der Karru weit verbreitet.

Beschreibung Alle Arten der Gattung *Sceletium* sind halbstrauchige, niederliegend wachsende Mesembryanthemen. Sie bilden oft größere, flache Büsche, deren Zweige sich bewurzeln, wenn sie den Boden berühren. Die dünnen Zweige sind holzig, braun und werden im Alter grau; sie tragen Seitentriebe mit 6 bis 12 oberseits flachen, etwas fleischigen Blättern. Die Blätter sind vorne immer mit einem Spitzchen versehen und fast dreikantig, ca. 2,5 cm lang und in der Mitte etwa 1 cm breit. Wenn die Stämmchen und Zweige länger werden, sterben die Blätter ab, aber ihre papierartigen Reste bleiben noch längere Zeit stehen, wie auf der obigen Abbildung deutlich zu sehen ist. Die Blüten sind weiß, strohgelb oder rosa; sie erscheinen im Sommer und Frühherbst entweder einzeln oder in Dreiergruppen. Sie sind häufig gestielt und erreichen einen Durchmesser von etwa 4 bis 5 cm.

Kultur *Sceletium*-Arten lassen sich sehr leicht kultivieren – meist besser, wenn sie nicht aus Stecklingen gezogen werden. Sie brauchen eine Bodenmischung aus etwa gleichen Teilen Sand und Humus; man sollte sie zwischen Frühling und Herbst ausreichend gießen und unter leicht schattiertem Glas ziehen. Hält man sie im Winter trokken, so genügt eine Temperatur von 5° C.

Sansevieria trifasciata var. laurentii

1/3 nat. Gr.

Familie: *Agavaceae (Liliaceae)*

Vorkommen Die Gattung kommt hauptsächlich im tropischen Afrika vor, im Westen als auch im Osten, bis Rhodesien und sogar noch in Süd- und Südwest-Afrika. Auch in Arabien, auf Madagaskar, Sri Lanka (Ceylon) und in Burma ist sie zu Hause. Arten wie etwa diejenigen mit dickeren, etwas zylindrischen Blättern wachsen an trockeneren Standorten zwischen Felsen auf sandigem Boden in Gegenden mit geringeren Niederschlägen. Die abgebildete Pflanze jedoch stammt aus Zaire (Kongo); sie wächst dort unter feuchteren Bedingungen, hält aber kurze Trockenperioden aus. Viele Arten wachsen im Halbschatten unter anderen Büschen. *S. thyrsiflora* hat sich in Florida als Kulturflüchtling ausgebreitet und wächst an sehr schattigen Stellen.

Beschreibung Sansevierien haben sehr fleischige Blätter, die meist an von einem unterirdischen Rhizom ausgehenden, neuen Trieben stehen. Einige Arten jedoch, besonders die kleinwüchsigeren, bilden Ausläufer. Diese treiben an den Enden neu aus und bewurzeln sich später in einem Abstand von etwa 0,5 bis 1,0 m von der Mutterpflanze. Je nach Art kann jede Rosette aus 5 bis 25 Blättern bestehen; ebenso unterschiedlich ist die Blattlänge, sie schwankt zwischen 5 cm und 2 m. Die Blätter können aufrecht und flach sein, wie auf der Abbildung, ca. 5 cm breit und verhältnismäßig dünn. Einige Arten, wie etwa *S. hahnii,* haben Blätter von ähnlicher Dicke, die jedoch Rosetten, ähnlich wie Agaven, von ca. 15 cm Durchmesser bilden. Die sukkulenten Arten haben zylindrische, spitze Blätter, die an ihrer dicksten Stelle etwa 1 bis 2,5 cm Durchmesser erreichen. Bei allen Arten sind die Blätter sehr hart und steif, die Oberfläche ist glatt oder rauh, manchmal stark glänzend. Sie sind einfarbig dunkelgrün oder, wie bei der abgebildeten Art, unregelmäßig weiß oder gelblich- bis grünlich-weiß gefleckt und gestreift und verschiedenartig gelb gerändert. Die Blüten der Sansevierien sind nicht besonders interessant, sie sind klein und röhrenförmig, weiß oder cremefarben und manchmal sehr wohlriechend. Eine gewisse Anzahl von Blüten öffnet sich bei Nacht und schließt sich am Morgen. Die Blütenstände sind entweder aufrechte Ähren oder sehr dichtblütige Knäuel unmittelbar am Boden.

Kultur Sansevierien lassen sich sehr leicht kultivieren, vorausgesetzt, man hält die Pflanzen im Winter trocken und die Temperatur sinkt nicht unter 10° C ab. Sie bevorzugen eine Bodenmischung aus etwa gleichen Teilen Humus und Sand; man muß sie bei warmem Wetter vom Frühling bis Herbst ausreichend gießen. Sie sollten unter schattiertem Glas gezogen werden, da die Blätter leicht von der Sonne verbrannt werden; dies trifft vor allem für die Arten mit relativ dünnen, glänzenden Blättern zu. Die Arten mit rauher Blattoberfläche können stärkere Sonnenbestrahlung vertragen. Wenn man diese Pflanzen in zentral geheizten Räumen hält, wo die Temperatur nie unter 21° C fällt, können sie auch in den Wintermonaten gelegentlich gegossen werden. Bekommen sie jedoch in dieser Jahreszeit zu viel Wasser, so faulen sie sehr leicht völlig ab; also ist Vorsicht geboten! Sie lassen sich leicht durch Wurzel- oder Blattstecklinge vermehren. Die Formen mit gelbgefärbten Blatträndern lassen sich nur durch Rhizomabschnitte vermehren. Zieht man sie aus Blattstecklingen, so entwickeln sich daraus Pflanzen mit normal grünen Blättern ohne gelben Rand. Rhizomabschnitte und Blattstecklinge sollten eine Woche ruhen, ehe man sie in die vorbereitete Bodenmischung setzt.

Sempervivum arachnoideum — Hauswurz 2 x nat. Gr.

Familie: *Crassulaceae*

Vorkommen Von der Gattung *Sempervivum* sind die meisten Arten in den Alpen beheimatet, einige kommen aber westlich bis in die Pyrenäen an der Grenze zwischen Frankreich und Spanien vor; eine Art sogar weiter südlich bis in das Atlasgebirge in Marokko. Nach Osten und Südosten reicht ihr Verbreitungsgebiet über die Gebirge der Balkanländer und die Türkei bis in den Kaukasus. Nur wenige Arten wachsen unterhalb 1000 m, dagegen sind andere noch in Höhen von 3000 m zu finden. Mit Ausnahme von *S. atlanticum* aus Marokko, das nicht ganz so winterhart ist, halten sie alle während des Winters strenge Fröste aus.

Beschreibung Sempervivum-Arten sind kleinwüchsige, reich sprossende, winterharte sukkulente Pflanzen. Die Rosetten bestehen aus zahlreichen, kleinen, fleischigen Blättern, die meist sehr dicht gedrängt stehen. Diese Rosetten können etwa 1 bis 7,5 (– 20) cm Durchmesser erreichen. Die jungen entstehen meist an Stolonen (stielartigen Sprossen), die zwischen den unteren Blättern hervorkommen. Die leicht eiförmigen Blätter laufen immer in ziemlich scharfen Spitzchen aus, sie sind glatt, manchmal am Rand bewimpert (mit kurzen Haaren besetzt). Manche Arten haben samtig oder spinnwebig behaarte Blätter, wie die abgebildete Art, die spinnwebige Hauswurz, die sehr formenreich ist. Wie die Gattungen *Aeonium* und *Greenovia,* die ebenfalls zur *Sempervivum*-Gruppe gehören, verlängern sich die ausgewachsenen Rosetten in einen ährigen bis knäueligen Blütenstand und sterben hinterher ab. Sie werden durch zahlreiche neue ersetzt. Die Blütenstände können 7,5 bis 25 cm lang sein und 4 oder 5 bis 50 und mehr Blüten tragen. Die Blüten haben verschiedene Farben, weiß, gelb, grünlich, rosa, rot oder purpurrot, sie können einen Durchmesser von etwa 1 bis 3,5 cm erreichen, wie etwa bei *S. grandiflorum.*

Kultur Wie man sich denken kann, sind diese Pflanzen nicht für Kultur im Gewächshaus oder als Zimmerpflanzen geeignet, dies sogar in Ländern, in denen im Winter die Temperaturen weit unter den Gefrierpunkt sinken, ja sogar bis –18° C gemessen werden. Alle Arten sollten im Garten auf gut durchlässigen Steingärten angepflanzt werden, am besten in Spalten von Sand- oder Tuffstein; dort bilden sie in kurzer Zeit sehr schöne Polster. Die Blattfarbe wurde oben nicht erwähnt, sie kann grün bis rötlich-grau oder sogar purpurn sein. Dies macht die Semperviven, zusammen mit ihrer leichten Kultivierbarkeit, so beliebt. Um diese schönen Blattfärbungen zu erreichen, sollen sie in voller Sonne stehen. Ihr Wurzelsystem ist nicht tiefgehend, daher ist es oft angebracht, neu eingesetzte Pflanzen im Steingarten mit einem Drahtnetz zu bedecken oder sie auf eine andere Weise zu befestigen, da sie sonst von Vögeln bei der Suche nach Futter sehr leicht herausgerissen und beiseite geworfen werden.

Diese Pflanzen sind in Europa seit langer Zeit als Hauswurz bekannt, da sie in früheren Zeiten dazu benutzt wurden, um Löcher in Schiefer- oder Steindächern abzudichten; dies gilt besonders für die »Dach-Hauswurz«, *(S. tectorum).* Tatsächlich findet man diese Pflanzen, ähnlich wie einige der kleineren *Aeonium*-Arten etc. von den Kanarischen Inseln, wild wachsend auf Hausdächern; ihr flaches, faseriges Wurzelsystem findet dort ausreichend Halt.

Senecio crassissimus

2 x nat. Gr.

Familie: *Compositae*

Vorkommen Die Gattung *Senecio* ist weltweit verbreitet; sie umfaßt über tausend Arten, von einjährigen Pflanzen über ausdauernde Sträucher bis zu kleineren Bäumen. Jedoch sind keineswegs alle sukkulent, obgleich zahlreiche Grenzfälle existieren, wie es bei einer Gattung dieser Größe zu erwarten ist. Die Mehrzahl der sukkulenten Arten ist in verschiedenen Teilen Afrikas, einschließlich der Kanarischen Inseln und Madagaskar zu Hause (*S. anteuphorbium* kommt in Marokko vor). Andere *Senecio*-Arten kommen gewöhnlich in tiefer gelegenen Gebieten an sandigen oder steinigen Standorten vor, manchmal (z. B. *S. kleinia* von den Kanarischen Inseln) sehr nahe am Meer.

Beschreibung Manche *Senecio*-Arten haben ein ziemlich dick angeschwollenes Wurzelsystem, das während der Trockenperioden Wasser speichert; doch handelt es sich auch bei den *Senecio*-Arten meist um Blatt- oder Stammsukkulenten, also diejenige Gruppe, die uns interessiert. Einige Arten haben kriechende Sprosse mit ziemlich dikken, kugeligen oder eiförmigen Blättern, die in Abständen an den Stengeln stehen. Diese Blätter haben auf der Oberseite einen durchsichtigen Fensterstreifen und sind meist blaugrün gefärbt. Die kriechenden Arten bilden an ihren Sprossen in regelmäßigen Abständen Wurzeln. Die aufrecht wachsenden und verzweigten Arten können 15 cm bis ca. 2 m hoch werden; eine Art, *S. johnstonii,* ist ein einstämmiger, aufrechter Baum und wird sogar noch höher. Es handelt sich um eine der wenigen Arten, die in größeren Höhen vorkommen, bei etwa 3650 m auf dem Kilimandscharo in Tansania. Die Blätter dieser Pflanzen sind sehr unterschiedlich geformt. Sie können horizontal oder vertikal abgeflacht sein, wie etwa bei der abgebildeten Art, glattrandig oder mit gewelltem Blattrand, zylindrisch, vorne zugespitzt usw. Meist sind sie 2,5 bis 7,5 cm lang. Desgleichen sind die Blätter auch unterschiedlich gefärbt; manchmal sind sie grün, einfarbig oder bläulich gestreift. Viele sind auf der Oberfläche wachsig bereift, andere sind weiß oder weiß-samtig behaart. Die stammsukkulenten Arten haben meist sehr kleine Blüten und zylindrische oder kantige Stengel. Die Blütenköpfchen der *Senecionen* bestehen aus zahlreichen kleinen Einzelblüten, von denen manchmal die randlichen zungenförmig, wie »Kronblätter«, gestaltet sind und genauso die inneren gefärbt sind, wie bei der abgebildeten Art. Häufig fehlen sie jedoch, z. B. bei *S. stapeliaeformis*. Die Blütenfarben sind weiß, gelb, orange oder rot.

Kultur *Senecio*-Arten lassen sich meist leicht kultivieren. Die größeren Arten wachsen auf jedem Durchschnittsboden, einige der kleineren Arten und die stammsukkulenten Formen brauchen jedoch eine durchlässigere Mischung, so daß wieder am besten Sand und Humus verwendet werden. Sie müssen vom Frühling bis Herbst gegossen werden, bei heißem Wetter sehr reichlich, die stammsukkulenten allerdings etwas weniger als die anderen Arten. Im Winter sollten sie trocken stehen. Für die meisten Arten reicht im Winter eine Mindesttemperatur von 8° C aus. Ausnahmen bilden einige Arten aus Ostafrika und Madagaskar; hier sollte die Temperatur nicht unter 10° C absinken. Viele der kleineren Arten eignen sich gut als Zimmerpflanzen. Wenn sie zu groß werden, lassen sich meist ohne Schwierigkeiten Stecklinge machen, so daß man neue kleine Pflanzen erhält. Die Stecklinge sollen vor dem Einpflanzen ca. sieben Tage ruhen.

Sinocrassula yunnanensis

2 x nat. Gr.

Familie: *Crassulaceae*

Vorkommen Diese Gattung kommt ausschließlich in den Gebirgen Chinas und Indiens, wie etwa dem Himalaya vor. Die Pflanzen wachsen dort in großen Höhen, wo während des Winters leichter Frost und Schneefälle auftreten. Sie stehen dort in Felsspalten, immer auf durchlässigem Boden.

Beschreibung Diese Pflanzen sind sehr klein, etwas verzweigt und bilden lockere Rasen. Einige Arten, wie etwa *S. densirosulata,* sind sehr zart und zerbrechen sehr leicht in Stücke; jedes Blatt bewurzelt sich wieder und wächst zu einer neuen Pflanze heran. Sie sind entweder zweijährig (d. h. sie blühen und sterben innerhalb von zwei Jahren oder Vegetationsperioden ab) oder ausdauernd. Die Rosetten erreichen kaum mehr als 2,5 cm Durchmesser; sie bestehen aus 20 bis 50 oder mehr kleinen Blättern, diese sind ziemlich fleischig, eiförmig, und vorne zugespitzt. Die Farbe der Blätter reicht von graugrün bis bläulich-rosa und olivbraun, manchmal sind sie unregelmäßig dunkler gefleckt. Die Blattoberfläche kann glatt oder samtig behaart sein. Der Blütenstand, der von der verlängerten Rosette gebildet wird, kann 7 bis 20 cm hoch werden, er ist reich verzweigt und trägt zahlreiche kleine, halbkugelige Blüten von grauer bis brauner Farbe.

Kultur Da diese Pflanzen aus ähnlicher Umgebung und ähnlichem Klima wie die Semperviven stammen, können sie auch entsprechend kultiviert werden; sie neigen jedoch dazu, in feuchten Wintern abzufaulen. Sie sollten daher als Kalthaus-Pflanzen gehalten werden. Die Temperatur kann durchaus unter den Gefrierpunkt fallen, wenn die Pflanzen trocken stehen. Während Pflanzen von *Sempervivum* dazu neigen, unter zu hohen Wintertemperaturen im Gewächshaus auszutreiben, kommt dies bei *Sinocrassula* nicht vor. Die Pflanzen können bedenkenlos auf den Boden geheizter Gewächshäuser gestellt werden. Bei einem derartigen Versuch soll man die kühlsten Stellen aussuchen und darauf achten, daß sie volles Sonnenlicht erhalten. Sie wachsen auf jedem durchschnittlichen Boden, er muß aber durchlässig sein, um die typische Form der Rosetten zu erhalten. Beim Gießen ist Vorsicht angebracht.

Diese Gattung ist heute nicht häufig in Kultur. Bei den ständig steigenden Kosten, die geheizte Gewächshäuser verursachen, werden sicherlich Gattungen wie *Sinocrassula, Sempervivum* und *Sedum* sowie die winterharten Arten der Gattungen *Agave, Lewisia, Opuntia, Echinocereus, Neobesseya* usw. in Zukunft mehr Liebhaber finden. Viele Arten aus den oben genannten Gattungen werden auch im Freiland in Steingärten gezogen.

Stapelia nobilis

2/3 nat. Gr.

Familie: *Asclepiadaceae*

Vorkommen Die Gattung umfaßt über hundert Arten; die meisten sind in großen Gebieten Süd- und Südwest-Afrikas sowie auch im tropischen Afrika zu Hause. Wie die in diesem Buch aufgeführten Vertreter verwandter Gattungen, wachsen die Stapelien gewöhnlich unter Bäumen und Büschen.

Beschreibung Stapelien sind von weit unterschiedlicherer Größe als die bisher erwähnten, verwandten Gattungen. Neben zwergigen Arten, deren Sprosse kaum 0,5 cm Dicke erreichen, gibt es größere mit bis 5 cm dicken Sprossen. Einige der größten Arten haben bis zu 30 cm lange Sprosse. Sie verzweigen sich auf verschiedene Weise, entweder bilden sie dichte Polster oder kriechen schlangenartig auf dem Boden; andere Arten, wie *S. englerana* und *S. revoluta* sind hauptsächlich unterirdisch verzweigt und treiben in Abständen von 15 bis 30 cm neue Sprosse. Diese Sprosse sind meist vierkantig, selten fünf- oder sechskantig. Sie sind kahl und glatt oder samtig behaart; ihre Farbe ist meist grün, manchmal sind sie stellenweise purpurn getönt und auch schöne kreidig-blaue Töne kommen vor. Die Blüten sind von unterschiedlicher Form. Manche öffnen sich weit wie flache fünfstrahlige Sterne, andere sind glockig; gelegentlich sind die Kronzipfel weit zurückgeschlagen, wie bei *S. englerana* und *S. erectifolia.* Die Größe der Blüten ist ebenfalls variabel, sie reicht von etwa 1 cm bis 25–35 cm Durchmesser, z. B. bei *S. gigantea.* Die abgebildete Art bringt bei guten Kulturbedingungen Blüten von 20 bis 25 cm Durchmesser hervor. Einige Arten haben wulstartig erhöhte »Rettungsringe« wie die Huernien; so etwa die bekannte Art. *S. variegata.* Die Blütenblätter sind oberseits glatt oder ziemlich rauh, manchmal mit unregelmäßigen Querlinien und mit steifen oder beweglichen papillenartigen Haaren bedeckt; so ist z. B. *S. pulvinata* lang und seidig behaart. Die reifen Fruchtkapseln gleichen einem Hörnerpaar; sie sind mit die größten bei den *Stapelien* und werden 15 bis 20 cm lang; sie enthalten manchmal mehrere hundert Samen, die durch ihren langen, seidigen Haarschopf vom Wind verbreitet werden.

Kultur Die Mehrzahl der Stapelien gedeiht unter leicht schattiertem Glas und in einer normalen Bodenmischung aus gleichen Teilen Sand und Humus sehr gut. Bei heißem Wetter während der Sommermonate müssen sie ausreichend gegossen werden. Bei einigen Arten ist ein Kompost mit weniger Sand und sparsameres Gießen empfehlenswert. Dies trifft vor allem für die niederliegenden Arten und diejenigen, die hauptsächlich unterirdisch verzweigt sind, zu. Für die meisten Arten genügt im Winter eine Temperatur von 8° C oder sogar etwas weniger; Arten aus dem tropischen Afrika sollte man jedoch bei 10° C halten. Bei einer Wintertemperatur von 8° C oder darunter können die Pflanzen trocken stehen, ist die Temperatur aber höher, so sollten sie in Abständen gegossen werden, um Schrumpfen zu vermeiden.

Die Hauptblütezeit liegt im Sommer und Herbst, doch viele Arten blühen bei entsprechendem Wetter auch noch länger.

Strombocactus disciformis

2 x nat. Gr.

Familie: *Cactaceae*

Vorkommen Diese einzige Art der Gattung wächst an sehr steinigen Stellen im Staat Hidalgo in Zentralamerika; wie bei vielen *Ariocarpus*-Arten erhebt sich auch hier nur die Oberseite des Pflanzenkörpers über den Boden. Durch seine Färbung, die in der natürlichen Umgebung oft grauer erscheint, ist *Strombocactus* im nicht blühenden Zustand schwer zu finden.

Beschreibung *S. disciformis* ist eine kleinwüchsige, oben abgeflachte, kugelige Kakteenart mit einfachen oder wenig sprossenden Stämmchen. Diese sind mit knotigen, aber ziemlich flachen Höckern besetzt, deren meist spiralige Anordnung den Pflanzenkörper gerippt erscheinen läßt. Einzelne Körper erreichen selten über 10 cm Durchmesser. Die flachen, kantigen Höcker tragen oben kleine, weiße Areolen. Manche Exemplare sind völlig stachellos; sind jedoch Stacheln vorhanden, dann sind sie borstenartig, dünn, grau und bis vier an der Zahl. Sie fallen meist nach wenigen Jahren ab, so daß am äußeren Rand der Pflanzen keine mehr zu finden sind. Die Blütenknospen sind mit grauen oder rötlichen Schuppen besetzt. Die Blütenblätter sind schmal. Die Blüten öffnen sich weit und haben 2,5 bis 5 cm Durchmesser. Meist ist die Blüte in der Mitte blaßgelb, nach außen zu rein weiß; sie öffnet sich bei Tage. Die Früchte sind sehr klein und bräunlich gefärbt. Wenn sie sich öffnen, fallen die kleinen Samen auf den Pflanzenkörper.

Kultur *S. disciformis* gehört, wie *Ariocarpus*- und *Obregonia*-Arten zu den sehr langsamwüchsigen Kakteen, die von Amateuren daher fast nur im blühfähigen Zustand gekauft werden. Es dauert beinahe ein Leben lang, diese Pflanzen aus Samen bis zu blühfähiger Größe heranzuziehen. In den ersten paar Jahren bleiben sie außergewöhnlich klein und brauchen äußerst sorgfältige Pflege. Haben sie das blühfähige Stadium erreicht, so stellt man sie im Gewächshaus unter leicht schattiertem Glas am besten direkt auf das oberste Brett der Stellagen, obwohl sie dort auch volles Sonnenlicht vertragen. Sie brauchen ziemlich sandige Komposterde und müssen in der Zeit vom Frühling bis Herbst immer mit Vorsicht gegossen werden, besonders bei kühler Witterung. Wenn man sie während des Winters trocken stellt, reicht eine Temperatur von 8° C oder sogar etwas weniger aus.

Obwohl *S. disciformis* ein selten und äußerst langsam wachsender Kaktus ist, so dürfte seine Anzucht dem Amateur doch nicht allzu große Schwierigkeiten bereiten, vorausgesetzt, er erhält ein Exemplar, das bereits gut bewurzelt ist. Die Pflanzen dürfen nicht zu stark gegossen werden; sie blühen meist zweimal, einmal im Hochsommer und nochmals im Frühherbst. Wir haben Exemplare in Kultur, die ununterbrochen über einen Zeitraum von drei oder vier Monaten geblüht haben.

Thelocactus bicolor

1½ x nat. Gr.

Familie: *Cactaceae*

Vorkommen Thelocacteen sind in Mittel- und Nord-Mexiko, sowie nach Norden bis über den Rio Grande, in Texas, beheimatet. Sie wachsen sowohl auf felsigem, steinigem Untergrund als auch auf sandigem, grasigem Lehmboden. Sie stehen manchmal ungeschützt, doch meist findet man sie unter anderen, größeren Kakteen oder einem der zahlreichen, niedrigen Trockenbüsche oder unter Bäumen, die in diesen Gebieten sehr häufig vorkommen.

Beschreibung Thelocacteen sind ziemlich kleinwüchsige Pflanzen mit kugeligen oder kurz zylindrischen Körpern. Jedoch können eine oder zwei Arten, wie etwa *T. nidulans,* bei nur 15 cm Höhe einen Durchmesser von 25 cm erreichen. Einige Arten haben unverzweigte, andere wenigköpfige Körper. Sie sind deutlich, manchmal spiralig, gerippt. Die Anzahl der Rippen schwankt zwischen ca. acht wie bei der abgebildeten Art, bis zu zwanzig bei *T. nidulans*. Die Rippen sind gewöhnlich ziemlich flach, obwohl gelegentlich nicht deutlich sichtbar, sind sie normalerweise durch erhöhte, vier- bis sechseckige Warzen oder Höcker knotig verdickt. Die Areolen sind oberhalb des Ansatzpunktes der Stacheln rinnenartig verlängert. Auf ihnen stehen bis zu 20 radiale Stacheln, sie sind 1,25 bis 5 cm lang und meist nadelartig, mehr oder weniger horizontal abstehend. Die bis 6 Mittelstacheln sind meist stärker, 2,5 bis 7,5 cm lang und stehen senkrecht von der Pflanze ab. Manche Arten haben holzige Stacheln, die dazu neigen, sich im Alter aufzuspalten. Ein Beispiel dafür ist *T. nidulans*. Die Farbe der radialen sowie der zentralen Stacheln kann weiß oder grau bis goldgelb oder dunkel rotbraun sein. Die Blüten erscheinen auf den jüngeren Areolen am Scheitel der Pflanzenkörper. Sie sind trichterförmig, weit geöffnet, 2,5 bis 7,5 cm im Durchmesser, weiß, gelb getönt, rosa oder purpurrot. Die Früchte sind klein, kugelig und trocken; sie öffnen sich an der Basis, so daß die Samen unten herausfallen und sich über die Pflanze und den Boden verteilen.

Kultur Thelocacteen lassen sich im allgemeinen leicht kultivieren, obwohl manche Arten fünf und mehr Jahre brauchen, um zur Blüte zu kommen. Sie benötigen eine Mischung aus etwa gleichen Teilen Sand und Humus, bei warmem Wetter in der Zeit vom Frühling bis Herbst ausreichend Wasser und leicht schattiertes Glas. Die dichter bestachelten Arten und diejenigen mit kreidig-grauen Körpern können, nachdem sie dem Sämlingsstadium entwachsen sind, auch volle Sonne vertragen, sofern sie nicht direkt unter dem Glas stehen. Für die Arten mit grünen Körpern trifft das allerdings nicht zu. Hält man sie trocken, so reicht für die meisten Arten im Winter eine Temperatur von 8° C oder sogar etwas weniger aus.

Die Samen der Thelocacteen sind für Kakteensamen relativ groß und keimen leicht. Die Sämlinge dürfen in den ersten zwei bis drei Jahren nicht zu stark gegossen werden, da ihre Wurzeln nicht ausreichend entwickelt sind und nicht zu lange feucht bleiben dürfen.

Toumeya lophophoroides

2 x nat. Gr.

Familie: *Cactaceae*

Vorkommen Die Arten der Gattung *Toumeya* wachsen gewöhnlich auf sehr durchlässigem, felsigem oder steinigem Boden, wobei nur das obere Ende der Pflanzen sichtbar ist. Eine Anzahl von Arten kommt in San Louis Potosi in Nord-Mexiko vor. Diese wurden von einigen Autoren zur Gattung *Turbinicarpus* gestellt. Einige andere *Toumeya*-Arten, wie *T. papyracantha, T. peeblesiana* und *T. fickeisenii* kommen in den USA im nördlichen Arizona, Neu-Mexiko und im südlichen Colorado vor. Mit Ausnahme von *T. papyracantha,* die man zwischen Gras findet, wachsen auch diese Arten auf gut durchlässigem, felsigem oder steinigem Boden.

Beschreibung Alle *Toumeya*-Arten sind sehr kleinwüchsig, mit einfachen oder spärlich sprossenden, meist kugeligen, bis 7,5 cm hohen Körpern; bei *T. papyracantha* jedoch sind sie zylindrisch. Der Durchmesser der deutlich höckerigen Körper beträgt im Durchschnitt 2,5 bis 5 cm. Die Areolen sind so dicht wollig behaart, daß bei einigen Arten die Mitte der Köpfe wie eine einzige, wollige Masse erscheint. Sie tragen 1 bis 8 Stacheln von 0,5 bis 2,5 cm Länge; diese sind abgeflacht und papierartig. Sie sind nach verschiedenen Richtungen gebogen und schmutzig weiß bis hell graubraun gefärbt. In vielen Fällen lassen sich radiale und zentrale Stacheln nicht unterscheiden. Eine Ausnahme bildet *T. papyracantha;* hier kann man meist gegenüber den etwa sieben deutlich ausgebildeten, sehr kurzen, radialen den einen langen, papierartigen, zentralen Stachel deutlich erkennen. Die Blüten erscheinen auf dem Scheitel des Körpers; sie sind trichterförmig und haben einen Durchmesser von 1,25 bis 2,5 cm; manchmal hindern aber die Stacheln die Blüten daran, sich voll zu öffnen, was z. B. bei *T. schmiedickeana* der Fall ist. Die Blüten können weiß, cremefarben oder rosa sein, die Kronblätter haben meist in der Mitte einen dunkleren Längsstreifen. Die Samen werden wie bei *Thelocactus* durch ein Loch an der Basis entlassen.

Kultur Die *Toumeya*-Arten lassen sich einigermaßen leicht kultivieren, vorausgesetzt man gießt sie mit Vorsicht und zieht sie auf einer sandigen Humusmischung. Bei wirklich heißem Wetter zwischen Frühling und Herbst können sie etwas mehr Wasser vertragen. Wie *Ariocarpus,* so sollten auch *Toumeya*-Arten in Tontöpfen gezogen werden, da sie nicht lange feucht stehen sollen. Man stellt sie am besten in Gesichtshöhe unter leicht schattiertes Glas, so erzielt man die besten Ergebnisse bezüglich Wachstum und Stachelbildung. Die Blütezeit ist bei dieser Gattung lang, von Februar an – bei *T. schmiedickeana* – bis September und Oktober bei Arten wie der abgebildeten. Im Winter müssen diese Pflanzen völlig trocken gehalten werden; eine Temperatur von 8° C oder sogar weniger reicht dann aus. Obwohl *T. schmiedickeana* bereits im Februar zu blühen beginnt, sollte man sie auch dann noch nicht gießen, außer man lebt in subtropischem Klima, bei dem die Wasseransprüche natürlich anders sind.

Diese Pflanzen eignen sich hervorragend für sehr kleine Gewächshäuser, da sie klein bleiben, aber trotzdem jedes Jahr reichlich blühen. *T. papyracantha* wird oft auf andere Pflanzen aufgepfropft, da sie verhältnismäßig leicht fault.

Trichocereus huascha

1/3 nat. Gr.

Familie: *Cactaceae*

Vorkommen Arten dieser Gattung kommen in fast allen Ländern Südamerikas vor. Sie sind von unterschiedlichem Wuchs und an verschiedenartigen Standorten zu finden, von Meeresniveau bis auf 2750 m Höhe. Arten aus großen Höhen ertragen dank der relativ geringen Luftfeuchtigkeit Frost und Schnee.

Beschreibung Trichocereen zeigen unterschiedliche Wuchsformen. Die sehr dickstämmigen Säulenkakteen sind aufrecht und kandelaberartig verzweigt. Andererseits wachsen Arten wie die abgebildete in der Jugend ziemlich aufrecht; sobald sie sich jedoch am Grunde verzweigen, beginnen die alten Stämme sich zu neigen und niederzulegen. Die säulenförmigen Stämme sind grün bis grünlich-blau, mit 5 bis 35, meist abgerundeten Rippen. Die Areolen, aus denen die Stacheln erscheinen, sind manchmal wollig behaart. Die Anzahl der Stacheln pro Areole ist sehr unterschiedlich; die aufrechten, säulenförmigen Arten haben meist dicke, kräftige Stacheln, die übrigen dagegen erheblich dünnere. Die Blüten, die meist an den oberen Stammteilen gebildet werden, sind oft sehr groß, trichterförmig, meist weiß, stark duftend und während der Nacht geöffnet. Die Früchte sind kugelig und erreichen einige Zentimeter Durchmesser. Sie sind ziemlich stachelig und haarig.

Kultur Die *Trichocereus*-Arten lassen sich meist leicht kultivieren, sie sind nicht anspruchsvoll und gedeihen auf jedem Durchschnittsboden. Die dickstämmigen »Kandelaber«-Typen, besonders Arten aus höher gelegenen Gebieten wachsen etwas langsamer, können aber unter denselben Bedingungen kultiviert werden und brauchen die gleiche Behandlung. Diese Arten ertragen volles Sonnenlicht ohne Verbrennungsschäden, während andere, weniger dicht bestachelte, besser unter leicht schattiertem Glas gezogen werden. Die Wachstumsperiode reicht vom Frühjahr bis Herbst; die Pflanzen brauchen dann viel Wasser, besonders bei heißem Wetter. Hält man sie trocken, so reicht für alle Arten im Winter eine Temperatur von 8° C aus; einige Arten vertragen auch erheblich niedrigere Temperaturen.

Es gibt auch eine rotblühende Form von *T. huascha,* die häufig unter *Lobivia* erscheint.

Sedum roseum ¹/₃ nat. Gr.

Familie: *Crassulaceae*

Vorkommen Diese Gattung hat ein weit größeres Verbreitungsgebiet als alle in diesem Buch genannten, ausgenommen vielleicht *Euphorbia*. Die Arten stammen zum Teil aus sehr kalten Gebieten, wie Alaska und Sibirien, aus gemäßigten und sogar tropischen Klimazonen. Das Hauptverbreitungsgebiet liegt in Mitteleuropa, dem Mittelmeergebiet und Zentralasien. Viele Arten kommen auch in großen Teilen Nord-, Mittel- und Südamerikas vor.

Beschreibung Es gibt einjährige *Sedum*-Arten, doch die meisten sind ausdauernde Stauden. Manche Arten wachsen niederliegend und haben verdickte Wurzeln; hierzu gehört die abgebildete Art, die frost- und winterhart ist. Es gibt viele niedrige Halbsträucher, ein paar sind strauchig und bilden bis etwa 2 m hohe Büsche. Die Blüten erscheinen gewöhnlich in dicken Knäueln oder Trugdolden; sie haben 0,5 bis 1,5 cm Durchmesser und ihre 6 bis 7 Kronblätter sind weiß bis gelb, rosa, rot oder violett.

Kultur Die Mehrzahl der häufiger kultivierten *Sedum*-Arten kann als winterhart gelten. Die wenigen empfindlicheren Arten, die bei uns in Kultur sind, wie etwa *S. humifusum,* sind für das Kalthaus geeignet, Kälte und Nässe vertragen sie jedoch nicht. Die größeren winterharten Arten, die häufig größere Blätter haben, wachsen auf gewöhnlichem Lehmboden. Dagegen gedeihen die kleiner beblätterten, kompakten Arten auf gut durchlässigem Boden im Steingarten am besten.

Weingartia fidaiana 2 x nat. Gr.

Familie: *Cactaceae*

Vorkommen Die Arten der südamerikanischen Gattung *Weingartia* kommen hauptsächlich auf den trockenen Hängen der Anden, vor allem in Bolivien, Nord-Argentinien und sogar noch in Chile vor.

Beschreibung *Weingartia*-Arten haben meist kugelige, zunächst einfache Körper, die später dann eine Anzahl von Seitentrieben bilden. Die Körper sind gerippt, manchmal sind die Rippen sehr stark ausgebildet; dies trifft allerdings nicht auf die abgebildete Art zu, die zu den kleinsten der Gattung gehört. Die meisten Arten entwickeln eine fleischige, rübenförmige Pfahlwurzel mit einem dünnen Hals zwischen Wurzel und Körper. Der Abstand der kreisrunden oder ovalen Areolen voneinander ist sehr unterschiedlich; alle Arten haben relativ steife Stacheln, von denen pro Areole 8 bis 18 radial abstehen und bis zu acht zentral mehr oder weniger aufrecht stehen. Sie sind etwa 1 bis 4 cm lang, wobei die zentralen immer etwas länger als die radialen sind. Die Blüten erscheinen am Scheitel der Körper und stehen ringförmig um den Vegetationspunkt. Sie haben eine kurze Röhre und ihre Blütenblätter bilden einen Trichter von ca. 3,5 cm Durchmesser. Sie sind meist verschiedenartig gelb getönt oder blaß orange.

Kultur Diese langsam wachsenden Pflanzen lassen sich leicht aus Samen ziehen; sie brauchen leicht schattiertes Glas und tiefe Töpfe mit einer Mischung aus gleichen Teilen Sand und Humus. Ihr Wasserbedarf vom Frühling bis zum Herbst ist durchschnittlich; im Winter reichen bei Trockenstand 5° C aus.

Wigginsia corynodes

1½ x nat. Gr.

Familie: *Cactaceae*

Vorkommen Diese Gattung kommt hauptsächlich in niederen Lagen und in den Küstengebieten von Uruguay, Paraguay und Süd-Brasilien vor; die Pflanzen wachsen entweder auf felsigem, gut durchlässigem Grund oder auf grasigen Hängen.

Beschreibung Diese Kakteen haben ziemlich kleine kugelige oder kurz zylindrische Körper; sie werden nicht über 20 cm hoch und ihr Durchmesser beträgt 10 bis 15 cm. Die Körper sind deutlich gerippt, mit bis zwanzig gerade oder leicht spiralig angeordneten, abgerundeten oder kantigen, aber immer knotigen Rippen. Die Areolen befinden sich in den Vertiefungen zwischen den Knoten, sie stehen etwa 1 cm oder weniger auseinander. Sie tragen bis zu 12 radiale Stacheln von etwa 1 bis 2,5 cm Länge; diese sind leicht gebogen, weiß oder zur Spitze hin graubraun. Normalerweise ist nur ein Mittelstachel vorhanden; er ist 2,5 cm lang oder auch kürzer und ähnlich gefärbt wie die Radialstacheln. Die jungen Areolen sind dicht wollig, so daß der Körper, wie man auf der Abbildung sehen kann, oben ganz weiß-wollig erscheint. Die Blüten sind gelb und haben einen Durchmesser bis 5 cm; sie erscheinen meist zu mehreren gleichzeitig um den Scheitel der Pflanze. In ihnen steht zwischen den Staubblättern die rote Narbe hervor. Die Außenseite der Blütenröhre ist wollig, schuppig und mit borstigen Stacheln besetzt. Die Früchte beginnen sich erst ein paar Wochen oder sogar einen Monat nach dem Abblühen zu entwickeln; sie sind rosa und bis 2,5 cm lang.

Kultur Die Arten dieser Gattung lassen sich verhältnismäßig leicht kultivieren und blühen bei Aufzucht aus Samen innerhalb von 4 bis 5 Jahren. Sie brauchen eine Bodenmischung aus annähernd gleichen Teilen Sand und Humus und durchschnittliche Wassermengen vom Frühling bis zum Herbst. Man sollte während der Wachstumsperiode nur bei ausgesprochen trübem und kühlem Wetter das Gießen einstellen. *Wigginsia*-Arten sollten immer unter teilweise schattiertem Glas gezogen werden. Vorausgesetzt man hält sie trocken, so reicht im Winter eine Temperatur von 8° C aus, sogar etwas weniger ist noch nicht von Schaden.

Diese Pflanzen werden hier unter dem wenig bekannten Namen *Wigginsia* aufgeführt, obgleich sie von den meisten Autoren noch immer unter dem früher gebräuchlichen Gattungsnamen *Malacocarpus* genannt werden. Die Gattung *Wigginsia* existiert seit 1964; die Umbenennung war nötig, da der Gattungsname *Malacocarpus* bereits seit 1843 für eine Gattung der Zygophyllaceen gebraucht wird. *Wigginsia*-Arten besitzen wie die Opuntien berührungsempfindliche Staubfäden. Wenn diese von einem Insekt berührt werden, so schließen sie sich um den Griffel, so daß das Insekt mit Pollen bepudert wird, den es dann auf die Narbe der nächsten, von ihm besuchten Blüte überträgt.

Wilcoxia poselgeri

2 x nat. Gr.

Familie: *Cactaceae*

Vorkommen *Wilcoxia*-Arten sind im südlichen Texas sowie in verschiedenen Teilen von Mexiko, von Coahuila bis zum südlichen Puebla und auf der Halbinsel Niederkalifornien zu Hause. Sie wachsen immer zwischen anderen Pflanzen, besonders Dornbüschen, die die schlanken Stämmchen aufrecht halten. Meist findet man sie in geringer Meereshöhe.

Beschreibung Die Stämme sind deutlich gerippt, sie können bis 1 m lang werden, aber nicht mehr als 1 cm dick. Die bis 10 Rippen sind schmal und abgerundet, auf ihnen stehen die Areolen manchmal so nahe zusammen, daß sie wie ein Netz den ganzen Stamm zu überziehen scheinen. Bei *W. poselgeri* ist der Mittelstachel deutlich erkennbar. Andere Arten haben bis zu vierzehn 0,5 cm lange, weiße, graue oder schwarz radiale Stacheln. Eine Art mit sehr kurzem Stamm ist *W. schmollii;* hier sind die Areolen mit langen, weißen Wollhaaren besetzt. Die Blüten haben einen Durchmesser von 2,5 bis 5 cm, sind entweder weit trichterförmig oder ihre Blütenblätter rollen sich vollständig nach hinten. Sie sind weiß bis rosa oder rot und bleiben zwei Tage lang geöffnet. Die Früchte sind eiförmig, bis 2,5 cm lang, bei Reife rötlich-grün, etwas fleischig und mit kurzen Stacheln bedeckt.

Kultur Die *Wilcoxia*-Arten haben knollige Wurzeln, wie Dahlien und benötigen infolgedessen große Töpfe. Sie brauchen eine etwas sandige Humusmischung und viel Wasser während warmen Wetters in der Zeit vom Frühling bis Herbst.

Auch alte Pflanzen sollten besser unter leicht schattiertem Glas gezogen werden. Im Winter sind sie trocken zu halten, wobei eine Temperatur von 8° C für alle Arten ausreichend ist.

Wilcoxia-Arten zeichnen sich durch besonders schöne Blüten aus, die sich häufig während des Blühens noch vergrößern. Sie können aus Samen oder Stecklingen gezogen werden; die letzteren entwickeln bereits innerhalb eines Jahres das typische dahlienähnliche (knollige) Wurzelsystem. Neue Pflanzen können auch aus Seitenknollen gezogen werden. Diese Art der Vermehrung kommt in der Natur häufig vor, wenn während Trockenzeiten die überirdischen Pflanzenteile absterben oder von Tieren abgefressen werden.

Zygocactus truncatus — Weihnachtskaktus $^1/_2$ nat. Gr.

Familie: *Cactaceae*

Vorkommen Die Zygocacteen sind in den küstennahen Urwaldgebieten Brasiliens, vor allem im Gebiet von Rio de Janeiro, zu Hause; sie wachsen dort epiphytisch.

Beschreibung Zgyocacteen sind Hängepflanzen, deren Zweige aus abgeflachten Gliedern bestehen. Die Glieder verzweigen sich gabelig, d. h. an einem Glied bilden sich oben zwei neue; jedem der beiden Glieder entspringen wiederum zwei usw. Die grünen Glieder sind durchschnittlich 5 cm lang, bis 2,5 cm breit, mit 2 bis 4 scharfen Zähnen an jeder Seite. Die Blüten erscheinen gewöhnlich einzeln an den Spitzen der abgeflachten Glieder; sie sind verschieden rosa bis rot gefärbt und bis 7,5 cm lang. Sie werden ihrer ungewöhnlichen Form wegen als zygomorph bezeichnet, d. h. sie haben nur eine in ihrer Längsachse liegende Symetrieebene. Die Blütenblätter sind meist zurückgeschlagen, so daß Griffel und Staubblätter deutlich herausragen. Die Früchte sind klein, eiförmig, im reifen Zustand rötlich.

Kultur Die Zygocacteen gehören in die Gruppe der epiphytischen Kakteen und können genauso behandelt werden wie *Chiapasia*. Um jedoch diese Pflanzen zur Weihnachtszeit zum Blühen zu bringen, ist eine Optimaltemperatur von 10 bis 14° C nötig. Zu hohe oder zu niedrige Temperaturen können die Blüten um Wochen verzögern. Pflanzen mit vielen Blütenknospen müssen regelmäßig gegossen werden. Man sollte sie nicht kurz vor dem Aufblühen aus einer feuchten Atmosphäre in eine trocknere bringen, da dabei viele Knospen abfallen können.